パラメータ励振

小寺　忠 著

森北出版

まえがき

本書は振動に関心ある工学系の大学生・大学院生，高専生および技術者のために，パラメータ励振振動（係数励振振動ともいう）の安定性を解説したものである．

パラメータ励振系は，運動方程式の係数部分が時間の周期関数になっているもので，身近なところではぶらんこの往復運動にも見られるように古くから知られていて，多くの研究者によって研究されてきている．とくに，係数部分の励振振動数がある値になると，パラメータ共振と呼ばれる激しい振動状態となる．したがって，設計技術者はこのパラメータ共振を避けるように設計しなければならない．

パラメータ励振系の運動方程式は，微小振動を仮定すれば，マシューの方程式に代表されるように線形の微分方程式で表される．ところが，その方程式の線形性にもかかわらず，定係数の線形微分方程式の解法がそのままのかたちでは使えないため，工学の分野では長い間，主として非線形振動の近似解法である摂動法や平均法によって解析されてきた．そのため，パラメータ共振を避けるための数学的に的確な設計指針は示されてこなかった．それだけでなく，機械工学の分野ではパラメータ励振系は，「機械力学」や「振動工学」などの教科書に古い非線形振動の近似手法が紹介されているだけで，まとまった専門的な教科書が存在していなかった．

線形パラメータ励振系はあくまでも線形の微分方程式で表され，数学的にはずいぶん昔から十分に研究されていて，「リャプノフの定理」あるいは「フローケの理論」としてまとめられている．この定理を用いれば，はじめて振動工学を学ぶ方にもパラメータ励振系は容易に理解することができる．

それにもかかわらず，これらの定理の存在が知られていたものの，工学の分野ではその使い方が十分に示されてこなかったため，マシューの方程式を除いて，パラメータ励振系についての的確な設計指針は得られていない．このことは，初学者にとってはもちろんのこと，設計技術者にとっても，また，学問研究の成果・発展の観点からしても大変不幸なことといえる．

このような状況を踏まえて，本書はパラメータ励振系に関する数学理論とこれまでに明らかにされたさまざまな近似解析手法を紹介し，最良の計算法とその適用例を示した．

本書をとおして，読者諸氏がパラメータ励振系に親しみ，パラメータ励振系に対する認識と理解を深めて，学問・技術の発展に寄与していただければ，著者としてこのうえない喜びである．

最後に，本書の趣旨に賛同していただき，出版にご尽力くださった森北出版の皆さん，とりわけとくにお世話になった出版部の石田昇司氏に心より感謝いたします．

2010 年 6 月

著　者

目　　次

第 5 章　力学問題への応用例

第1章　パラメータ励振とは何か

この章では，パラメータ励振とは何かを機械工学分野の具体例で示しながら，通常の線形振動系の振動と何が違うのか，どうすれば解けるのか，などについて述べる．

1.1　パラメータ励振とは何か

1.1.1　非対称な回転軸の振動

機械には回転運動をする回転軸が多く用いられている．そして，回転の動力を伝えるために，回転軸にはキーみぞが切られることが多い．あるいは，発電機の回転子のようにコイルを巻くためのみぞが切られることがある．このような回転軸は，曲げ剛性が方向によって異なるため，非対称な回転軸という．

いま，図 1.1（a）のような非対称回転軸に取り付けられた円板の回転運動を考えてみよう．これを回転させると，ある回転数の範囲で激しく振動をし，破壊に至ることがある．回転機械を安全に回転させるためには，運動方程式をたてて，激しい振動の原因を突き止め，対策を考えなければならない．

それでは，この運動を静止座標と回転座標の両方で考察してみる．

(1)　静止座標で考えた場合

図 1.1（b）において，O を軸受け中心，C を回転軸の中心（偏心はなく，円板

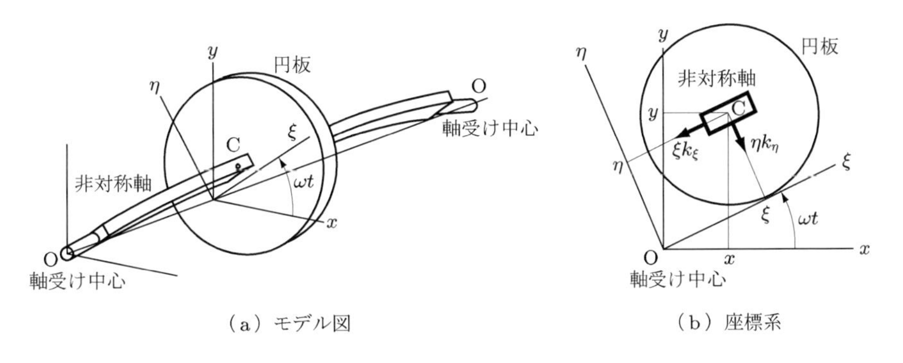

（a）モデル図　　（b）座標系

図 1.1　非対称軸を有する回転系

中心と一致)，ω を円板の回転角速度，ξ，η を回転軸の曲げ主軸，k_ξ，k_η を主軸方向の回転軸のばね定数とする．

回転軸がたわんで，ξ，η 軸方向の変位を ξ，η とするとき，回転軸が円板におよぼす力の x 方向成分 F_x は

$$\begin{aligned} F_x &= -\xi k_\xi \cos\omega t + \eta k_\eta \sin\omega t \\ &= -\left(k_\xi \cos^2\omega t + k_\eta \sin^2\omega t\right)x - \frac{k_\xi - k_\eta}{2}\sin 2\omega t \cdot y \end{aligned} \tag{1.1}$$

y 方向成分 F_y は

$$\begin{aligned} F_y &= -\xi k_\xi \sin\omega t - \eta k_\eta \cos\omega t \\ &= -\frac{k_\xi - k_\eta}{2}\sin 2\omega t \cdot x - \left(k_\xi \sin^2\omega t + k_\eta \cos^2\omega t\right)y \end{aligned} \tag{1.2}$$

となる．ここで，

$$k_\xi + k_\eta = 2k, \quad k_\xi - k_\eta = 2\Delta k \tag{1.3}$$

とおけば，

$$\left.\begin{aligned} F_x &= -(k + \Delta k \cos 2\omega t)x - \Delta k \sin 2\omega t \cdot y \\ F_y &= -\Delta k \sin 2\omega t \cdot x - (k - \Delta k \cos 2\omega t)y \end{aligned}\right\} \tag{1.4}$$

となる．これらはニュートンの運動の法則に従って，それぞれ x，y 方向の質量×加速度と等しいので，運動方程式は

$$\left.\begin{aligned} m\ddot{x} + (k + \Delta k \cos 2\omega t)x + \Delta k \sin 2\omega t \cdot y = 0 \\ m\ddot{y} + \Delta k \sin 2\omega t \cdot x + (k - \Delta k \cos 2\omega t)y = 0 \end{aligned}\right\} \tag{1.5}$$

のようになる．ただし，x および y における $\ddot{}$ は時間 t による2階微分を表すニュートンの記号である．これには外力の項はなく，x や y の係数が時間の周期関数であることによって，ある振動数範囲で激しい振動が引き起こされる（詳細は第5章で述べる)．このような，外部からの周期的な励振力によるのではなく，係数の周期的な変動による励振を**係数励振**，あるいは**パラメータ励振** (parametric excitation) といい，これによる振動を**係数励振振動**，あるいは**パラメータ励振振動** (parametrically excited vibration) という．そして，このような振動をする系を**係数励振系**，あるいは**パラメータ励振系** (parametrically excited system) という．また，振動が時間とともに成長する発散振動の状態を**係数共振** (parametric resonance)，あるいは**不安定振動** (unstable vibration) という．

不安定振動の原因を突き止め，対策をとることが，パラメータ励振振動を学ぶ目的である．

式 (1.5) の解の求め方は後述するとして，式 (1.5) で $\Delta k = 0$ とおくと，定係数の単振動の運動方程式となり，不安定振動は生じないことがわかる．したがって，**パラメータ励振振動を抑える最大のポイントは，定係数系にすることである．**そのために，回転軸にはダミーのみぞを切って，曲げ剛性が方向によって異ならない**対称軸**にすることで，不安定振動の問題は解決できる．

運動方程式が本質的にパラメータ励振系で，定係数系にできない場合は，どういうときに不安定振動が発生するかを知らなければならない．これを解説することが，本書の大きな目的の一つである．この問題の解明のための指針を与えるのが，次の回転座標系での運動方程式への変換である．

(2) 回転座標で考えた場合

今度は回転座標系で運動方程式を表す．静止座標と回転座標との間に

$$\left.\begin{aligned} x &= \xi \cos \omega t - \eta \sin \omega t \\ y &= \xi \sin \omega t + \eta \cos \omega t \end{aligned}\right\} \tag{1.6}$$

という関係が成り立つ．これより速度は

$$\left.\begin{aligned} \dot{x} &= (\dot{\xi} - \omega\eta) \cos \omega t - (\dot{\eta} + \omega\xi) \sin \omega t \\ \dot{y} &= (\dot{\xi} - \omega\eta) \sin \omega t + (\dot{\eta} + \omega\xi) \cos \omega t \end{aligned}\right\} \tag{1.7}$$

となり，加速度を求めると

$$\left.\begin{aligned} \ddot{x} &= (\ddot{\xi} - \omega^2\xi - 2\omega\dot{\eta}) \cos \omega t - (\ddot{\eta} - \omega^2\eta + 2\omega\dot{\xi}) \sin \omega t \\ \ddot{y} &= (\ddot{\xi} - \omega^2\xi - 2\omega\dot{\eta}) \sin \omega t + (\ddot{\eta} - \omega^2\eta + 2\omega\dot{\xi}) \cos \omega t \end{aligned}\right\} \tag{1.8}$$

となる．これらを式 (1.5) に代入し，ξ 方向と η 方向の成分を求めてみると

$$\left.\begin{aligned} m(\ddot{\xi} - \omega^2\xi - 2\omega\dot{\eta}) + k_\xi \xi = 0 \\ m(\ddot{\eta} - \omega^2\eta + 2\omega\dot{\xi}) + k_\eta \eta = 0 \end{aligned}\right\} \tag{1.9}$$

が得られる．これは定係数の連立微分方程式である．

式 (1.5) と式 (1.9) はまったく同じ系の運動を表す式であるので，このことより，次のことが明らかになる．

「**パラメータ励振系（式 (1.5)）は，線形の座標変換（式 (1.6)）によって定係数系（式 (1.9)）に変換される**」.

これが，パラメータ励振の問題を解くうえで非常に重要な定理（1.4 節で詳述する）の一つの実例になる．

1.1.2　パンタグラフの振動

パラメータ励振振動の二つ目の例として，図 1.2 のような電車の集電に用いられるパンタグラフの振動を取り上げる（文献 18)参照）.

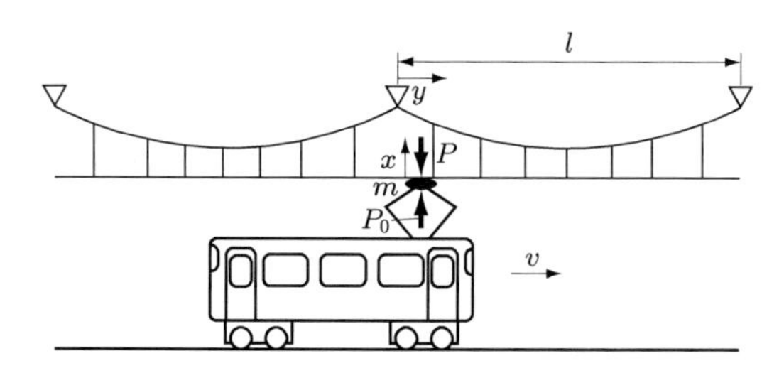

図 1.2　架線とパンタグラフ

パンタグラフは，一定の力 P_0 で押し上げられ，架線からは近似的に

$$
\begin{aligned}
P &= \left(k_0 - k_1 \cos \frac{2\pi y}{l}\right)x \\
&= \left(k_0 - k_1 \cos \frac{2\pi vt}{l}\right)x
\end{aligned}
\tag{1.10}
$$

という力で押し下げられる．ただし，v は電車の速度，l は架線支持点の間隔，y は架線支持点からのパンタグラフに取り付けられた質量 m のすり板の水平距離，k_0, k_1 は架線のばね定数の平均値と変動成分の振幅である．したがって，すり板の運動方程式は

$$
\begin{aligned}
m\ddot{x} &= P_0 - P \\
&= P_0 - \left(k_0 - k_1 \cos \frac{2\pi vt}{l}\right)x
\end{aligned}
\tag{1.11}
$$

となる．x の係数が周期関数であるので，これはパラメータ励振系である．

かつて国鉄（現 JR）で，特急電車の走行試験が行われたとき，

「この励振振動数 $2\pi v/l = \omega$ が，すり板質量 m と架線の平均ばね定数 k_0 で決まる**固有円振動数** $\sqrt{k_0/m} = \omega_0$ **の 2 倍**に達したとき，すなわち走行速度が $v = l\omega_0/\pi$ になったときパンタグラフが**固有円振動数** ω_0 **で大きく振動する**」

という係数共振が問題になったといわれている．この系は，本質的にパラメータ励振系であって，架線のばね定数の変動成分の振幅 k_1 を 0 にして単振動系にすることはできない．この係数共振は，パンタグラフに減衰を与えることによって解決された．その理由については，第 4 章でくわしく述べる．

1.1.3 プロペラ・ナセル系の振動

パラメータ励振の三つ目の例として，風力発電装置のプロペラとナセル（発電機収納ケース）からなる系の振動を取り上げる．プロペラ・ナセル系は風向きの方向に固定されるが，完全に剛に固定されるのではなく，ねじり剛性を有するため，水平面内で首振り運動を行いうる．この振動の運動方程式を考える．

いま，2 枚羽のプロペラを考え，正面から見た図を図 1.3（a）に示す．水平軸を x 軸，鉛直軸を y 軸，プロペラの慣性主軸を ξ，η 軸とし，回転角度を ωt とおく．慣性主軸 ξ，η 軸まわりの慣性モーメントを I_ξ，I_η，回転角速度を $\dot{\theta}_\xi$，$\dot{\theta}_\eta$ とおく．そして，水平軸と鉛直軸まわりの回転角速度を $\dot{\theta}_x$，$\dot{\theta}_y$ とおく．すると，

$$\left.\begin{aligned}\dot{\theta}_\xi &= \dot{\theta}_x \cos\omega t + \dot{\theta}_y \sin\omega t \\ \dot{\theta}_\eta &= -\dot{\theta}_x \sin\omega t + \dot{\theta}_y \cos\omega t\end{aligned}\right\} \tag{1.12}$$

が成り立つ．水平軸 x 軸まわりには回転しないとして，$\dot{\theta}_x = 0$ とおくと，紙面に垂直な軸まわりの回転のエネルギーを除いたプロペラの運動エネルギーは

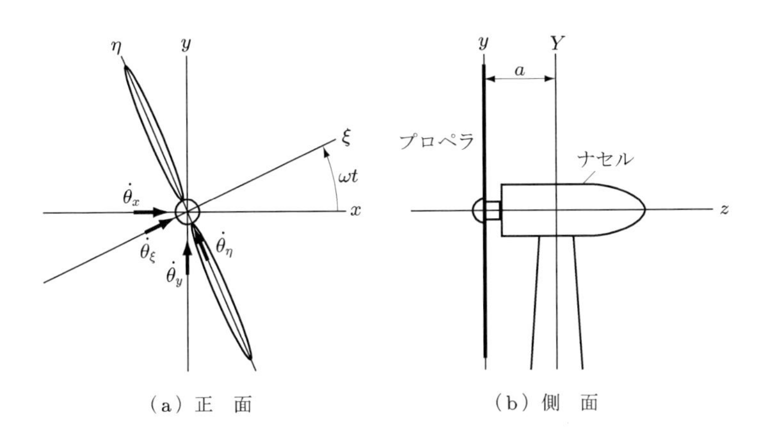

（a）正 面　（b）側 面

図 1.3 非対称プロペラ

$$
\begin{aligned}
T &= \frac{1}{2}I_\xi \dot{\theta_\xi}^2 + \frac{1}{2}I_\eta \dot{\theta_\eta}^2 \\
&= \frac{1}{2}I_\xi \dot{\theta_y}^2 \sin^2 \omega t + \frac{1}{2}I_\eta \dot{\theta_y}^2 \cos^2 \omega t \\
&= \frac{1}{2}\dot{\theta_y}^2 \left\{(I+\Delta I)\sin^2 \omega t + (I-\Delta I)\cos^2 \omega t\right\} \\
&= \frac{1}{2}\dot{\theta_y}^2 (I - \Delta I \cos 2\omega t)
\end{aligned}
\tag{1.13}
$$

と表される．ただし，

$$
I_\xi + I_\eta = 2I, \quad I_\xi - I_\eta = 2\Delta I \tag{1.14}
$$

である．実際の首振り運動の回転軸 Y 軸は，図 1.3（b）のように，y 軸から a だけずれており，プロペラの質量を M，ナセルの慣性モーメントを I_N，そして

$$
I + a^2 M + I_N = I_0 \tag{1.15}
$$

とおけば，Y 軸まわりの運動エネルギーは

$$
T = \frac{1}{2}\dot{\theta_y}^2 (I_0 - \Delta I \cos 2\omega t) \tag{1.16}
$$

と表される．こうして，ラグランジュの方程式によって，首振りの運動方程式

$$
\frac{d}{dt}\left\{\dot{\theta}_y (I_0 - \Delta I \cos 2\omega t)\right\} + k\theta_y = 0 \tag{1.17}
$$

が得られる．ただし，k は首振り運動の回転ばね定数である．この場合も，$\Delta I = 0$ とすれば単振動の方程式となるので，首振り運動は不安定振動を起こすことはない．すなわち，2 枚羽ではなく，3 枚羽にすれば不安定振動は起きない．また，首振り運動に減衰を与えると不安定振動を抑制する効果がある．

1.1.4　フック継ぎ手がある一自由度ねじり振動系

機械の伝動機構にフック継ぎ手というものがあり，駆動軸と従動軸がずれている場合によく用いられる（付録 1.1 参照）．このフック継ぎ手があるねじり振動系もパラメータ励振系の例である（文献 11)参照）．ここでは，図 1.4 のような一自由度ねじり振動系の運動方程式をラグランジュの方程式によって導いてみる．ただし，I は回転体の慣性モーメント，k_1，k_2 は回転軸のねじりのばね定数，ψ，ϕ，θ は角変位，ω は駆動側の角速度，α は軸がなす角度である．

運動エネルギーは，

$$
T = \frac{1}{2}I\dot{\psi}^2 \tag{1.18}
$$

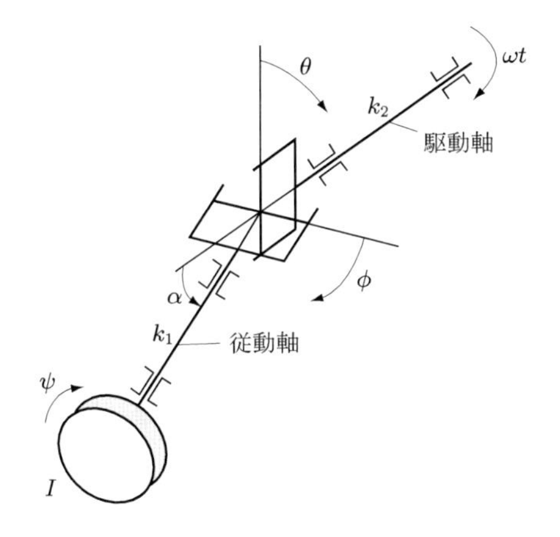

図 1.4　フック継ぎ手を有するねじり振動系

と表され，ポテンシャルエネルギーは

$$U = \frac{1}{2}k_1(\psi - \phi)^2 + \frac{1}{2}k_2(\theta - \omega t)^2 \tag{1.19}$$

と表される．これをラグランジュ方程式にあてはめると次式が得られる．

$$I\ddot{\psi} + k_1(\psi - \phi) = 0 \tag{1.20}$$

$$-k_1(\psi - \phi)\frac{\partial \phi}{\partial \theta} + k_2(\theta - \omega t) = 0 \tag{1.21}$$

フック継ぎ手の駆動軸の回転角 θ と従動軸の回転角 ϕ の間には

$$\tan\phi = \frac{\tan\theta}{\cos\alpha} \tag{1.22}$$

という関係式が成り立つ．ψ に関する運動方程式をつくるために，式 (1.20)〜(1.22) より ϕ, θ を消去する．そのために，α が小さいと仮定して，式 (1.22) の ϕ を α でマクローリン展開し，最初の 2 項で近似すれば次式が得られる．

$$\phi = \tan^{-1}\left(\frac{\tan\theta}{\cos\alpha}\right) \fallingdotseq \theta + \frac{\alpha^2}{4}\sin 2\theta \tag{1.23}$$

以下の近似のために，微小振動を仮定すると，式 (1.23) は

$$\phi \fallingdotseq \theta + \frac{\alpha^2}{4}\sin 2\omega t \tag{1.24}$$

とおける．また，

$$\frac{\partial \phi}{\partial \theta} \fallingdotseq 1 + \frac{\alpha^2}{2}\cos 2\theta \fallingdotseq 1 + \frac{\alpha^2}{2}\cos 2\omega t \tag{1.25}$$

も成り立つ．

こうして，式 (1.21)，(1.22) のかわりに

$$k_1\phi\frac{\partial\phi}{\partial\theta}+k_2\theta=k_1\psi\frac{\partial\phi}{\partial\theta}+k_2\omega t \tag{1.26}$$

$$\phi-\theta\fallingdotseq\frac{\alpha^2}{4}\sin 2\omega t \tag{1.27}$$

を解けばよい．これより θ を消去すると

$$\phi=\frac{k_1\psi\dfrac{\partial\phi}{\partial\theta}+k_2\left(\omega t+\dfrac{\alpha^2}{4}\sin 2\omega t\right)}{k_1\dfrac{\partial\phi}{\partial\theta}+k_2} \tag{1.28}$$

となり，これを式 (1.20) に代入すれば

$$I\ddot{\psi}+\frac{k_1k_2}{k_1\dfrac{\partial\phi}{\partial\theta}+k_2}\left(\psi-\omega t-\frac{\alpha^2}{4}\sin 2\omega t\right)=0 \tag{1.29}$$

が得られる．$\alpha^2 \ll 1$ として，これをさらに近似すれば

$$I\ddot{\psi}+\frac{k_1k_2}{k_1+k_2}\left(1-\frac{k_1\alpha^2}{(k_1+k_2)2}\cos 2\omega t\right)(\psi-\omega t)=0 \tag{1.30}$$

となる．定常運転の回転角度 ωt からの角変位を $\widehat{\psi}=\psi-\omega t$ とおけば，式 (1.30) は

$$I\ddot{\widehat{\psi}}+\frac{k_1k_2}{k_1+k_2}\left\{1-\frac{k_1\alpha^2}{(k_1+k_2)2}\cos 2\omega t\right\}\widehat{\psi}=0 \tag{1.31}$$

と表せる．フック継ぎ手を採用するかぎり，運動方程式は必ずパラメータ励振系となるので，不安定振動を避けるためには回転体に粘性減衰を与えなければならない．

1.2　その他のパラメータ励振系

以上のように，機械工学の分野には，さまざまなパラメータ励振系がみられるが，パラメータ励振振動はかなり昔から知られていた現象である．振動する音叉に一端を取り付けた弦の係数共振現象（1859, Franz Melde，メルデの実験）（第5章で詳述），楕円膜の振動（1868, Emile Leonard Mathieu）などがその代表的なものである．とくに後者の運動方程式は

$$\ddot{x}+(\delta+\varepsilon\cos t)x=0 \tag{1.32}$$

と表され，**マシューの方程式** (Mathieu's equation) とよばれている（第2章で詳述）．

マシューの方程式は，古くから研究されており，係数共振のパラメータ領域（**不安定領域**という）が得られている．この不安定領域図を利用すれば，安定な振動系

を得ることが可能になる．

このほかにも機械に応用されたものではないが，さまざまなパラメータ励振の例がある．そのいくつかを紹介する．

1.2.1 支点が上下に振動する振り子

図 1.5 のように，重さのない長さ l の糸に吊るされた質量 m の振り子の支点が，上下方向に $a\cos\omega t$ で振動するときの運動方程式を求めてみる．

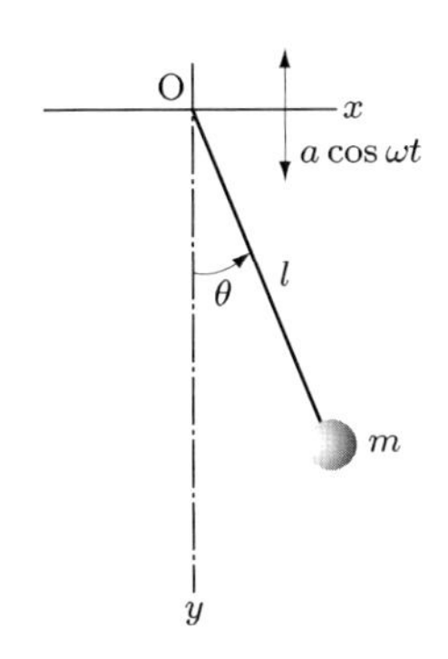

図 **1.5** 支点が上下に振動する振り子

まず，張力を T とすると，運動の第 2 法則により次式が得られる．

$$\left.\begin{aligned} m\ddot{x} &= -T\sin\theta \\ m\ddot{y} &= -T\cos\theta + mg \end{aligned}\right\} \tag{1.33}$$

ところで，図 1.5 によれば

$$\left.\begin{aligned} x &= l\sin\theta \\ y &= l\cos\theta + a\cos\omega t \end{aligned}\right\} \tag{1.34}$$

が成立する．これより，

$$\left.\begin{aligned} \ddot{x} &= -l\sin\theta\cdot\dot{\theta}^2 + l\cos\theta\cdot\ddot{\theta} \\ \ddot{y} &= -l\cos\theta\cdot\dot{\theta}^2 - l\sin\theta\cdot\ddot{\theta} - a\omega^2\cos\omega t \end{aligned}\right\} \tag{1.35}$$

だから，式 (1.33) は

$$\left.\begin{aligned} m(-l\sin\theta\cdot\dot{\theta}^2 + l\cos\theta\cdot\ddot{\theta}) &= -T\sin\theta \\ m(-l\cos\theta\cdot\dot{\theta}^2 - l\sin\theta\cdot\ddot{\theta} - a\omega^2\cos\omega t) &= -T\cos\theta + mg \end{aligned}\right\} \tag{1.36}$$

となり，未知の張力 T を消去すれば

$$ml\ddot{\theta} = -mg\sin\theta - ma\omega^2\cos\omega t\sin\theta \tag{1.37}$$

となる．ここで，微小振動を仮定すると，$\sin\theta \fallingdotseq \theta$ によって

$$\ddot{\theta} + \left(\frac{g}{l} + \frac{a\omega^2}{l}\cos\omega t\right)\theta = 0 \tag{1.38}$$

となり，さらに $\omega t = \tau$，$g/l\omega^2 = \delta$，$a/l = \varepsilon$ とおけば

$$\frac{d^2\theta}{d\tau^2} + (\delta + \varepsilon\cos\tau)\theta = 0 \tag{1.39}$$

となる．これはマシューの方程式である．

なお，倒立振り子の場合は，

$$\ddot{\theta} + \left(-\frac{g}{l} + \frac{a\omega^2}{l}\cos\omega t\right)\theta = 0 \tag{1.38$'$}$$

となり，$\omega t = \tau$，$-g/l\omega^2 = \delta$，$a/l = \varepsilon$ とおく．

1.2.2　長さが周期的に変動する振り子

次に振り子の長さ l が一定ではなく，周期的に変動する場合を考える（図 1.6）．

角運動量を使えば運動方程式は簡単に得られる．角運動量は $ml^2\dot{\theta}$ で与えられるので，運動方程式は

$$\frac{d(ml^2\dot{\theta})}{dt} = -mgl\sin\theta \tag{1.40}$$

で与えられる．これを変形すれば，

$$ml\ddot{\theta} + 2m\dot{l}\dot{\theta} = -mg\sin\theta \tag{1.41}$$

となる．

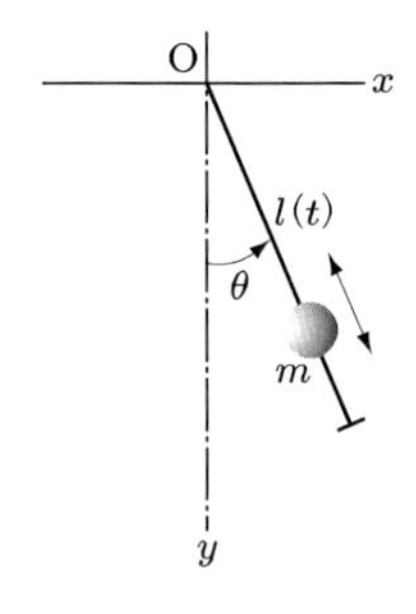

図 1.6　長さが周期的に変動する振り子

微小振動を仮定すれば

$$\ddot{\theta} + 2\frac{\dot{l}}{l}\dot{\theta} + \frac{g}{l}\theta = 0 \tag{1.42}$$

が得られる．よって，長さ l の変化が時間の周期関数であれば，式 (1.42) はパラメータ励振系である．

仮に，振り子の長さ l を

$$l = l_0 + a\sin\omega t \qquad (a \ll l_0) \tag{1.43}$$

としても，

$$\ddot{\theta} + 2\omega\left\{\frac{a\cos\omega t}{l_0} - \frac{1}{2}\left(\frac{a}{l_0}\right)^2\sin 2\omega t\right\}\dot{\theta} + \frac{g}{l_0}\left(1 - \frac{a}{l_0}\sin\omega t\right)\theta = 0 \tag{1.44}$$

のように，複雑な運動方程式となる．これは**ぶらんこ** (swing) の運動を単純にモデル化したものである．すなわち，ぶらんこでは，体の重心をひもの長さ方向に周期的に変化させて振動を持続させている．したがって，ぶらんこはパラメータ励振を積極的に利用した遊具であるといえる．

1.2.3　張力が周期的に変動する弦・質量系

張力 S でたてに張られた長さが $2l$ の弦の中央に，質量 m の物体が取り付けられ，物体が水平方向に微小振動する場合を考える（図 1.7）．物体が微小量 x だけ変位したとすると，張力の水平成分は，近似的に

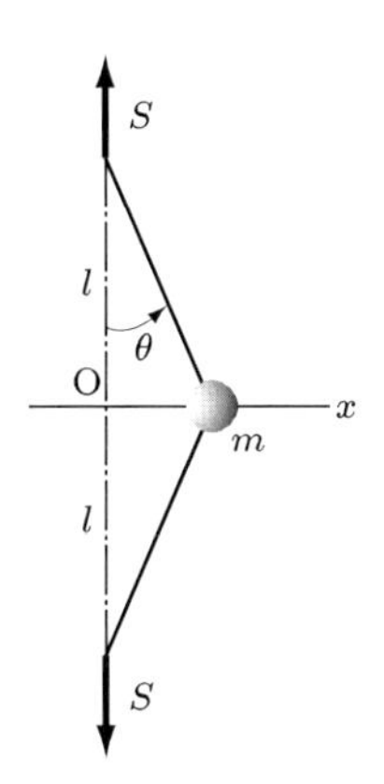

図 **1.7**　張力が周期的に変動する弦・質量系

$$2S\sin\theta \fallingdotseq 2S\frac{x}{l} \tag{1.45}$$

となる．ただし，x による S の変化は考えていない．このとき，運動方程式は

$$m\ddot{x} + \frac{2S}{l}x = 0 \tag{1.46}$$

と表される．もし，S が時間の周期関数で

$$S = S_0 + \Delta S\cos\omega t \tag{1.47}$$

ならば，式 (1.46) は

$$m\ddot{x} + \frac{2S_0}{l}\left(1 + \frac{\Delta S}{S_0}\cos\omega t\right)x = 0 \tag{1.48}$$

となり，さらに $\omega t = \tau$，$2S_0/ml\omega^2 = \delta$，$2\Delta S/ml\omega^2 = \varepsilon$ とおけば

$$\frac{d^2\theta}{d\tau^2} + (\delta + \varepsilon\cos\tau)\theta = 0 \tag{1.49}$$

のように，マシューの方程式になる．

1.2.4　ヒルの方程式

マシューの方程式 (1.32) の係数 $\cos t$ を周期が T の任意の周期関数に置き換えた式

$$\ddot{x} + \left\{A_0 + \sum_{k=1}^{\infty}\left(A_k\cos\frac{2k\pi}{T}t + B_k\sin\frac{2k\pi}{T}t\right)\right\}x = 0 \tag{1.50}$$

あるいは，

$$\frac{2\pi}{T} = \omega$$

とおいた

$$\ddot{x} + \left\{A_0 + \sum_{k=1}^{\infty}(A_k\cos k\omega t + B_k\sin k\omega t)\right\}x = 0 \tag{1.50$'$}$$

を**ヒルの方程式** (Hill's equation) という．これは，1877 年にヒルが天体力学の問題として最初に取り扱ったので，こうよばれている．

また，マシューの方程式において周期関数が周期的な矩形波である場合を次式で表す．

$$\ddot{x} + \{\delta + \varepsilon\,\mathrm{sgn}(\sin\omega t)\}x = 0 \tag{1.51}$$

この式を**マイスナーの方程式** (Meissner's equation) という．これは，1918 年にマイスナーがはじめてこの式の安定性を論じたのでこうよばれている．

1.2.5 非線形振動の安定判別

復元力に非線形性を有する一自由度振動系における強制振動の定常周期解の安定性を判別しようとする場合，いくつかの方法があるが，そのなかの一つに，定常周期解からの微小変分に関する線形微分方程式の解の安定判別を行う方法がある．これを簡単に紹介する．

たとえば，非線形ばねと線形ダッシュポットで支えられた質量の強制振動を考える場合，次のような運動方程式を取り扱う．

$$m\ddot{x} + c\dot{x} + f(x) = P_0 \sin \omega t \tag{1.52}$$

ここで，$f(x)$ が非線形復元力を表している．近似解法では，これの周期解を

$$x_P = A \sin(\omega t + \alpha) \tag{1.53}$$

と仮定して**調和バランス法**によって $A = A(\omega)$ と $\alpha = \alpha(\omega)$ を求めるが（詳細は省略する），その周期解が実現するかどうかは，周期解の**安定性**に依存する．ここでいう安定性とは，周期解に微小な乱れ関数 y を付加したとき，その乱れ y が時間の経過とともに 0 に収束する性質のことで，これを**漸近安定**という．いま，周期解 x_P に微小乱れ y が付加されている解を

$$x = x_P + y \tag{1.54}$$

とおいて，式 (1.52) に代入すると，

$$m(\ddot{x}_P + \ddot{y}) + c(\dot{x}_P + \dot{y}) + f(x_P + y) = P_0 \sin \omega t \tag{1.55}$$

となる．非線形項のテイラー展開を一次の微小量の項までで近似すれば

$$m\ddot{x}_P + m\ddot{y} + c\dot{x}_P + c\dot{y} + f(x_P) + \left.\frac{\partial f}{\partial x}\right|_{x=x_P} y = P_0 \sin \omega t \tag{1.55$'$}$$

となり，周期解が満たす式

$$m\ddot{x}_P + c\dot{x}_P + f(x_P) = P_0 \sin \omega t \tag{1.52$'$}$$

を考慮すると，次式が得られる．

$$m\ddot{y} + c\dot{y} + \left.\frac{\partial f}{\partial x}\right|_{x=x_P} y = 0 \tag{1.56}$$

たとえば，復元力が

$$f(x) = kx + k_N x^3 \tag{1.57}$$

で表される**ダフィングの方程式** (Duffing's equation) の場合，

$$\left.\frac{\partial f}{\partial x}\right|_{x=x_P} = k + 3k_N A^2 \sin^2(\omega t + \alpha)$$
$$= k + \frac{3}{2}k_N A^2 + \frac{3}{2}k_N A^2 \cos 2\omega t \tag{1.58}$$

であるので，式 (1.56) は

$$m\ddot{y} + c\dot{y} + \left(k + \frac{3}{2}k_N A^2 + \frac{3}{2}k_N A^2 \cos 2\omega t\right)y = 0 \tag{1.59}$$

のようなパラメータ励振系となる．これはマシューの方程式に，減衰項が加わったものである．

1.3　パラメータ励振系と定係数系の違い

さて，これまでに機械振動学などで学んできた定係数の運動方程式とパラメータ励振系とでは何が異なるのかをみてみよう．

機械振動学の出発となるもっとも重要な運動方程式は，一自由度の質量・ばね系のそれで，

$$m\ddot{x} + kx = 0 \tag{1.60}$$

と表される．ここに，x は質量 m の物体の変位，k はばね定数である．その次に重要なのが，一自由度の質量・ダッシュポット・ばね系で，運動方程式は

$$m\ddot{x} + c\dot{x} + kx = 0 \tag{1.61}$$

と表される．ここに，c は粘性減衰係数である．これらの運動方程式は定係数の線形微分方程式であって，解を次のように表すことができる．

$$x = e^{\lambda t} \tag{1.62}$$

ここに，λ は未知のパラメータである．未知パラメータ λ を決定するには，仮定した解 (1.62) を運動方程式 (1.61) に代入し，

$$m\lambda^2 + c\lambda + k = 0 \tag{1.63}$$

という特性方程式を解く．特性方程式の解を λ_1，λ_2 とおくと，式 (1.61) の一般解は

$$x = Ae^{\lambda_1 t} + Be^{\lambda_2 t} \tag{1.64}$$

と与えられる．係数の A，B は初期条件によって定められる．これが定係数の線形

微分方程式の一般的な解き方である．

ところが，質点あるいは弾性体の振動を表す運動方程式において，1.1 節や 1.2 節で示したように，質量，ばね定数あるいは粘性減衰係数に相当する係数が時間の周期関数であるような場合，方程式の解を式 (1.62) のように仮定することができない．それだけでなく，周期関数の円振動数の大きさによって，系が不安定振動を行ったり，うなり振動を行ったりすることが知られている．

パラメータ励振系の解を，定係数系のように式 (1.62) で仮定できないことから，長い間，非線形振動の近似解法などいろいろな近似解法が使われてきた．これらについては第 2 章でくわしく紹介する．次に，従来の近似解法にかわる解法を解説する．

1.4　フローケの理論とリャプノフの定理

1.1 節と 1.2 節で示してきたパラメータ励振系の微分方程式は，いずれも線形である．そして，線形パラメータ励振の微分方程式に関する数学理論は，ほとんど完成しているといってもよい．それは，次のような**リャプノフの定理** (Lyapunov's theorem) としてまとめられている．証明は，ポントリャーギンの「常微分方程式」（共立出版）121 ページを参照されたい（文献 7)）．

定理

周期係数をもついかなる微分方程式

$$\dot{\boldsymbol{x}} = \boldsymbol{A}(t)\boldsymbol{x}; \quad \boldsymbol{A}(t+T) = \boldsymbol{A}(t) \tag{1.65}$$

も，定数行列 $\boldsymbol{B}$ をもつ

$$\dot{\boldsymbol{y}} = \boldsymbol{B}\boldsymbol{y} \tag{1.66}$$

と同等である．ただし，$\boldsymbol{x}$ と $\boldsymbol{y}$ は n 次元列ベクトル，$\boldsymbol{A}(t)$ と $\boldsymbol{B}$ は n 次行列，T は $\boldsymbol{A}(t)$ の周期である．また，

$$\boldsymbol{y} = \boldsymbol{P}(t)\boldsymbol{x} \tag{1.67}$$

である．

もし，$\boldsymbol{A}(t)$ を周期 $2T$ と考えれば，式 (1.65) は実定数行列 $\boldsymbol{B}_1$ をもつ

$$\dot{\boldsymbol{y}} = \boldsymbol{B}_1\boldsymbol{y} \tag{1.68}$$

と同等である．しかも，変換行列 $\boldsymbol{P}(t)$ ($\boldsymbol{y} = \boldsymbol{P}(t)\boldsymbol{x}$) もまた周期 $2T$ の実行列である．■

この定理は，1.1.1 項の記述をいいかえたもので，式 (1.5) が式 (1.65) に，式 (1.9) が式 (1.66) に，そして座標変換式 (1.6) が式 (1.67) にそれぞれ対応している．

しかし，1.1.1 項の記述と違って，この定理では，$\boldsymbol{B}$ と $\boldsymbol{B}_1$ はもちろん $\boldsymbol{P}(t)$ も未知行列であるので，式 (1.65) と同等な式 (1.66) を求めることはできない．したがって，この定理は役に立たないようにみえるが，実際には次のことがもっとも重要である．

つまり，式 (1.68) の一つの解を

$$\boldsymbol{y} = e^{\lambda t}\boldsymbol{\phi} \tag{1.69}$$

と表せば，式 (1.65) の一つの解は

$$\begin{aligned}\boldsymbol{x} &= \boldsymbol{P}(t)^{-1}\boldsymbol{y}\\ &= e^{\lambda t}\{\boldsymbol{P}(t)^{-1}\boldsymbol{\phi}\}\\ &= e^{\lambda t}\boldsymbol{p}(t)\end{aligned} \tag{1.70}$$

と表される．ここで，$\boldsymbol{p}(t)$ は周期 $2T$ をもつ未知ベクトルである．

この結果は，**フローケの理論** (Floquet theory) ともいわれている．

さて，式 (1.65) の解が式 (1.70) のように表現されることがわかったので，周期が $2T$ の未知ベクトル $\boldsymbol{p}(t)$ をフーリエ級数で表して，解を

$$\begin{aligned}\boldsymbol{x}(t) &= e^{\lambda t}\sum_{n=-\infty}^{\infty}\boldsymbol{c}_n e^{j\frac{n\pi t}{T}}\\ &= e^{\lambda t}\sum_{n=-\infty}^{\infty}\boldsymbol{c}_n e^{j\frac{n\omega t}{2}}, \quad \frac{2\pi}{T} = \omega\end{aligned} \tag{1.71}$$

または

$$\begin{aligned}\boldsymbol{x}(t) &= e^{\lambda t}\left\{\boldsymbol{a}_0 + \sum_{n=1}^{\infty}\left(\boldsymbol{a}_n\cos\frac{n\pi t}{T} + \boldsymbol{b}_n\sin\frac{n\pi t}{T}\right)\right\}\\ &= e^{\lambda t}\left\{\boldsymbol{a}_0 + \sum_{n=1}^{\infty}\left(\boldsymbol{a}_n\cos\frac{n\omega t}{2} + \boldsymbol{b}_n\sin\frac{n\omega t}{2}\right)\right\}\end{aligned} \tag{1.71$'$}$$

と書くことができる．ただし，フーリエ級数の係数 $\boldsymbol{c}_n$ あるいは $\boldsymbol{a}_0$ と $\boldsymbol{a}_n$，$\boldsymbol{b}_n$ は未知のままである．仮定した解を式 (1.65) に代入すれば，未知の係数 $\boldsymbol{c}_n$ あるいは $\boldsymbol{a}_0$ と $\boldsymbol{a}_n$，$\boldsymbol{b}_n$ に関する代数方程式が得られる．それらが非自明解 ($\boldsymbol{c}_n \neq \boldsymbol{0}$ あるいは $\boldsymbol{a}_n \neq \boldsymbol{0}$，$\boldsymbol{b}_n \neq \boldsymbol{0}$) をもつための必要十分条件によって，特性方程式が導かれる．したがって，その特性方程式を解くことによって λ が決定され，ついでフーリエ級

数の係数も決定される．本書は，これに基づいたパラメータ励振系の解法を紹介するものである．

これの具体例は第 4 章および第 5 章で詳細に論ずる．

付録 1.1　フック継ぎ手

1. 回転角の関係

付図 1.1 のようなフック継ぎ手において，駆動軸が θ だけ回転したとき，従動軸が ϕ だけ回転したとする．このとき，θ と ϕ の関係はどう表されるかを考える．

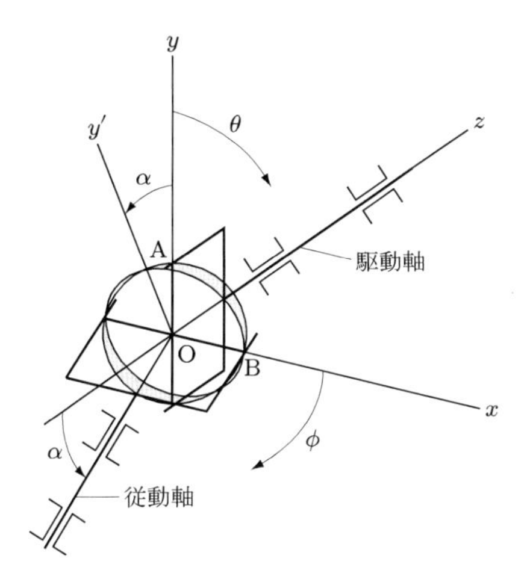

付図 **1.1**　フック継ぎ手

駆動軸の回転角 θ を y 軸からとり，従動軸の回転角 ϕ を x 軸からとれば，点 A は xy 平面内を動き，その位置は座標

$$(\sin\theta, \cos\theta, 0)$$

で与えられる．ただし，$\mathrm{OA} = 1$ とする．点 B は y 軸から角 α だけ傾いた xy' 面内を回転し，その位置は座標

$$(\cos\phi, -\sin\phi\cos\alpha, \sin\phi\sin\alpha)$$

で与えられる．ただし，$\mathrm{OB} = 1$ とする．

OA と OB が直交する条件は，これらの座標で与えられる二つのベクトルの内積が 0 であるので，

$$\sin\theta\cos\phi = \cos\theta\sin\phi\cos\alpha$$

が得られ，よって

$$\tan\phi = \frac{\tan\theta}{\cos\alpha} \tag{1}$$

が成立する．

角度の原点をどこに選ぶかによって，この関係式は異なるので，注意を要する．

たとえば，上の場合から角度を 90 度ずらすと，

$$\tan\phi = \cos\alpha\tan\theta \tag{2}$$

となる．

2. 式 (1) のマクローリン展開

式 (1) より

$$\phi = \tan^{-1}\left(\frac{\tan\theta}{\cos\alpha}\right) \tag{3}$$

これを $\alpha = 0$ の近傍でマクローリン展開すると，

$$\phi(\alpha) = \phi(0) + \frac{d\phi(0)}{d\alpha}\alpha + \frac{1}{2}\frac{d^2\phi(0)}{d\alpha^2}\alpha^2 + \cdots \tag{4}$$

となる．いま

$$\frac{\tan\theta}{\cos\alpha} = x \tag{5}$$

とおけば

$$\begin{aligned}\frac{d\phi}{d\alpha} &= \frac{d\phi}{dx}\frac{dx}{d\alpha}\\ &= \frac{1}{1+x^2}\frac{\tan\theta\sin\alpha}{\cos^2\alpha}\\ &= \frac{\tan\theta\sin\alpha}{\cos^2\alpha+\tan^2\theta}\end{aligned} \tag{6}$$

となるので，

$$\frac{d\phi(0)}{d\alpha} = 0 \tag{7}$$

となる．

次に

$$\frac{d^2\phi}{d\alpha^2} = \frac{2\tan\theta\sin^2\alpha\cos\alpha}{(\cos^2\alpha+\tan^2\theta)^2} + \frac{\tan\theta\cos\alpha}{\cos^2\alpha+\tan^2\theta} \tag{8}$$

となるので，

$$\frac{d^2\phi(0)}{d\alpha^2} = \frac{1}{2}\sin 2\theta \tag{9}$$

となる．よって

$$\phi(\alpha) \fallingdotseq \theta + \frac{\alpha^2}{4}\sin 2\theta + \cdots \tag{10}$$

が得られる．

3. 式 (2) のマクローリン展開

式 (2) より

$$\phi = \tan^{-1}(\cos\alpha\tan\theta) \tag{11}$$

これを $\alpha = 0$ の近傍でマクローリン展開する．いま

$$\cos\alpha\tan\theta = x \tag{12}$$

とおいて，式 (6) と同様に微分すると

$$\frac{d\phi}{d\alpha} = -\frac{\tan\theta\sin\alpha}{1+\cos^2\alpha\tan^2\theta} \tag{13}$$

となるので，

$$\frac{d\phi(0)}{d\alpha} = 0 \tag{14}$$

となる．

次に

$$\frac{d^2\phi}{d\alpha^2} = \frac{2\tan^3\theta\sin^2\alpha\cos\alpha}{(1+\cos^2\alpha\tan^2\theta)^2} - \frac{\tan\theta\cos\alpha}{1+\cos^2\alpha\tan^2\theta} \tag{15}$$

となるので，

$$\frac{d^2\phi(0)}{d\alpha^2} = -\frac{1}{2}\sin 2\theta \tag{16}$$

となる．よって

$$\phi(\alpha) \fallingdotseq \theta - \frac{\alpha^2}{4}\sin 2\theta + \cdots \tag{17}$$

が得られる．

第2章　マシューの方程式

この章では，線形の一自由度のパラメータ励振系のもっとも代表的な例であるマシューの方程式について，これまでに知られているおもな事項をまとめて紹介する．

2.1　マシューの方程式の誘導

図 2.1 に示すような張力 T で張られた面密度が σ で，半長軸 a，半短軸 b の楕円膜の運動方程式は

$$\frac{\partial^2 V}{\partial t^2} = c^2\left(\frac{\partial^2 V}{\partial x^2} + \frac{\partial^2 V}{\partial y^2}\right) \qquad \left(c^2 = \frac{T}{\sigma}\right) \tag{2.1}$$

で表されるので，この解を

$$V(x, y, t) = u(x, y)\cos(pt + \phi) \tag{2.2}$$

とおくと，

$$\frac{\partial^2 u}{\partial x^2} + \frac{\partial^2 u}{\partial y^2} + \frac{p^2}{c^2}u = 0 \tag{2.3}$$

が得られる．$a^2 - b^2 = h^2$ とおき，楕円の焦点を $x = \pm h$ とし

$$x = h\cosh\xi\cos\eta, \quad y = h\sinh\xi\sin\eta \tag{2.4}$$

によって新しい変数 ξ，η を導入する．このとき

$$\frac{\partial}{\partial\xi} = \frac{\partial}{\partial x}\frac{\partial x}{\partial\xi} + \frac{\partial}{\partial y}\frac{\partial y}{\partial\xi}, \quad \frac{\partial}{\partial\eta} = \frac{\partial}{\partial x}\frac{\partial x}{\partial\eta} + \frac{\partial}{\partial y}\frac{\partial y}{\partial\eta} \tag{2.5}$$

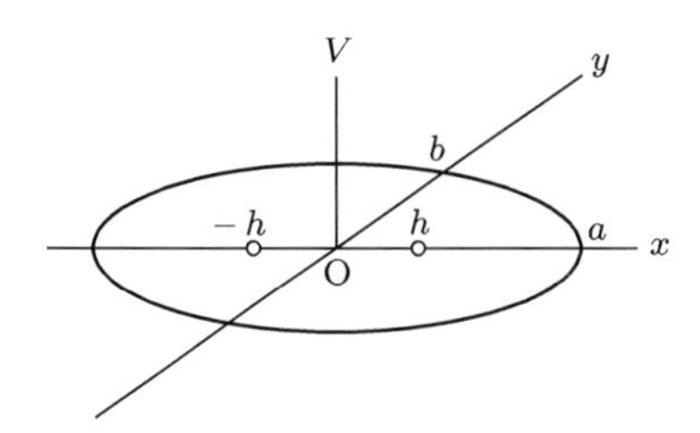

図 **2.1**　楕円膜

が成立し,

$$\frac{\partial^2}{\partial\xi^2}=\frac{\partial^2}{\partial x^2}\left(\frac{\partial x}{\partial\xi}\right)^2+2\frac{\partial^2}{\partial x\partial y}\frac{\partial x}{\partial\xi}\frac{\partial y}{\partial\xi}+\frac{\partial^2}{\partial y^2}\left(\frac{\partial y}{\partial\xi}\right)^2$$

$$\frac{\partial^2}{\partial\eta^2}=\frac{\partial^2}{\partial x^2}\left(\frac{\partial x}{\partial\eta}\right)^2+2\frac{\partial^2}{\partial x\partial y}\frac{\partial x}{\partial\eta}\frac{\partial y}{\partial\eta}+\frac{\partial^2}{\partial y^2}\left(\frac{\partial y}{\partial\eta}\right)^2$$

となる．ところで,

$$\frac{\partial x}{\partial\xi}=h\sinh\xi\cos\eta,\quad \frac{\partial x}{\partial\eta}=-h\cosh\xi\sin\eta$$

$$\frac{\partial y}{\partial\xi}=h\cosh\xi\sin\eta,\quad \frac{\partial y}{\partial\eta}=h\sinh\xi\cos\eta$$

であるので,

$$\begin{aligned}\left(\frac{\partial x}{\partial\xi}\right)^2+\left(\frac{\partial x}{\partial\eta}\right)^2 &= \left(\frac{\partial y}{\partial\xi}\right)^2+\left(\frac{\partial y}{\partial\eta}\right)^2\\ &= h^2(\cosh^2\xi-\cos^2\eta)\end{aligned}$$

$$\frac{\partial x}{\partial\xi}\frac{\partial y}{\partial\xi}+\frac{\partial x}{\partial\eta}\frac{\partial y}{\partial\eta}=0$$

となり，さらに

$$\frac{\partial^2}{\partial\xi^2}+\frac{\partial^2}{\partial\eta^2}=\left(\frac{\partial^2}{\partial x^2}+\frac{\partial^2}{\partial y^2}\right)h^2(\cosh^2\xi-\cos^2\eta)$$

となるので，式 (2.3) を変形すれば,

$$\frac{\partial^2 u}{\partial\xi^2}+\frac{\partial^2 u}{\partial\eta^2}+\frac{p^2h^2}{c^2}(\cosh^2\xi-\cos^2\eta)u=0 \tag{2.6}$$

が得られる．この式の解を再び変数分離して

$$u(\xi,\eta)=F(\xi)G(\eta) \tag{2.7}$$

とおけば,

$$\frac{1}{F}\left\{\frac{d^2F}{d\xi^2}+\left(\frac{ph}{c}\right)^2\cosh^2\xi\cdot F\right\}=-\frac{1}{G}\left\{\frac{d^2G}{d\eta^2}-\left(\frac{ph}{c}\right)^2\cos^2\eta\cdot G\right\} \tag{2.8}$$

が得られる．左辺は ξ のみの関係式，右辺は η のみの関係式である．この式が任意の ξ, η で成立するためには，両辺がある定数に等しくなければならない．その定数を A とおけば

$$\frac{d^2F}{d\xi^2} + \left\{\left(\frac{ph}{c}\right)^2 \cosh^2\xi - A\right\}F = 0 \tag{2.9}$$

および

$$\frac{d^2G}{d\eta^2} - \left\{\left(\frac{ph}{c}\right)^2 \cos^2\eta - A\right\}G = 0 \tag{2.10}$$

が得られる．ここでもし，式 (2.9) で仮に

$$\xi = jz \qquad (j = \sqrt{-1}\,)$$

とおいてみると，

$$\frac{d^2F}{dz^2} - \left\{\left(\frac{ph}{c}\right)^2 \cos^2 z - A\right\}F = 0 \tag{2.11}$$

となって，式 (2.10) と同じ形式となる．ここで，2倍角の公式を用いれば

$$\frac{d^2F}{dz^2} + \left\{A - \frac{1}{2}\left(\frac{ph}{c}\right)^2 (1 + \cos 2z)\right\}F = 0 \tag{2.12}$$

となり，さらに

$$2z = \tau, \quad \frac{1}{4}\left\{A - \frac{1}{2}\left(\frac{ph}{c}\right)^2\right\} = \delta, \quad -\frac{1}{8}\left(\frac{ph}{c}\right)^2 = \varepsilon$$

とおけば

$$\frac{d^2F}{d\tau^2} + (\delta + \varepsilon\cos\tau)F = 0$$

となる．こうして，式 (1.32) のマシューの方程式が導かれた．

2.2　マシューの方程式の不安定領域の境界

マシューの方程式 (1.32) の解が不安定になる領域の境界の求め方を紹介する．フローケの理論によれば，周期が 2π および 4π の解が安定と不安定の境界になる．いま，周期が 4π の解を

$$x = a_0 + \sum_{i=1}^{\infty}\left(a_i \cos\frac{it}{2} + b_i \sin\frac{it}{2}\right) \tag{2.13}$$

と表し，式 (1.32) に代入すると，定数項は

$$\delta a_0 + \frac{1}{2}\varepsilon a_2 = 0 \tag{2.14}$$

$\cos(it/2)$ の係数は

$$\left.\begin{aligned}
&\left\{\delta-\left(\frac{1}{2}\right)^2\right\}a_1+\frac{1}{2}\varepsilon a_1+\frac{1}{2}\varepsilon a_3=0\\
&\varepsilon a_0+(\delta-1^2)a_2+\frac{1}{2}\varepsilon a_4=0\\
&\frac{1}{2}\varepsilon a_1+\left\{\delta-\left(\frac{3}{2}\right)^2\right\}a_3+\frac{1}{2}\varepsilon a_5=0\\
&\qquad\qquad\vdots\\
&\frac{1}{2}\varepsilon a_{i-2}+\left\{\delta-\left(\frac{i}{2}\right)^2\right\}a_i+\frac{1}{2}\varepsilon a_{i+2}=0\qquad(i\geqq 3)
\end{aligned}\right\}\tag{2.15}$$

$\sin(it/2)$ の係数は

$$\left.\begin{aligned}
&\left\{\delta-\left(\frac{1}{2}\right)^2\right\}b_1-\frac{1}{2}\varepsilon b_1+\frac{1}{2}\varepsilon b_3=0\\
&(\delta-1^2)b_2+\frac{1}{2}\varepsilon b_4=0\\
&\frac{1}{2}\varepsilon b_1+\left\{\delta-\left(\frac{3}{2}\right)^2\right\}b_3+\frac{1}{2}\varepsilon b_5=0\\
&\frac{1}{2}\varepsilon b_2+(\delta-2^2)b_4+\frac{1}{2}\varepsilon b_6=0\\
&\qquad\qquad\vdots\\
&\frac{1}{2}\varepsilon b_{i-2}+\left\{\delta-\left(\frac{i}{2}\right)^2\right\}b_i+\frac{1}{2}\varepsilon b_{i+2}=0\qquad(i\geqq 3)
\end{aligned}\right\}\tag{2.16}$$

となる．これより，i が奇数の場合と偶数の場合に分けて考えることができる．

2.2.1 i が偶数（周期が 2π の解）の場合

次の二つの代数方程式が得られる．

$$\begin{bmatrix}\delta & \frac{1}{2}\varepsilon & 0 & \cdots\\ \varepsilon & \delta-1^2 & \frac{1}{2}\varepsilon & \cdots\\ 0 & \frac{1}{2}\varepsilon & \delta-2^2 & \cdots\\ \vdots & \vdots & \vdots & \ddots\end{bmatrix}\begin{bmatrix}a_0\\a_2\\a_4\\\vdots\end{bmatrix}=\begin{bmatrix}0\\0\\0\\\vdots\end{bmatrix}\tag{2.17}$$

$$\begin{bmatrix}\delta-1^2 & \frac{1}{2}\varepsilon & 0 & \cdots\\ \frac{1}{2}\varepsilon & \delta-2^2 & \frac{1}{2}\varepsilon & \cdots\\ 0 & \frac{1}{2}\varepsilon & \delta-3^2 & \cdots\\ \vdots & \vdots & \vdots & \ddots\end{bmatrix}\begin{bmatrix}b_2\\b_4\\b_6\\\vdots\end{bmatrix}=\begin{bmatrix}0\\0\\0\\\vdots\end{bmatrix}\tag{2.18}$$

式 (2.14) が非自明解をもつための必要十分条件は，係数行列式が 0 だから，

$$D_C(\delta,\varepsilon)=\begin{vmatrix}\delta & \frac{1}{2}\varepsilon & 0 & \cdots \\ \varepsilon & \delta-1^2 & \frac{1}{2}\varepsilon & \cdots \\ 0 & \frac{1}{2}\varepsilon & \delta-2^2 & \cdots \\ \vdots & \vdots & \vdots & \ddots\end{vmatrix}=0 \tag{2.19}$$

となり，式 (2.18) が非自明解をもつための必要十分条件は

$$D_S(\delta,\varepsilon)=\begin{vmatrix}\delta-1^2 & \frac{1}{2}\varepsilon & 0 & \cdots \\ \frac{1}{2}\varepsilon & \delta-2^2 & \frac{1}{2}\varepsilon & \cdots \\ 0 & \frac{1}{2}\varepsilon & \delta-3^2 & \cdots \\ \vdots & \vdots & \vdots & \ddots\end{vmatrix}=0 \tag{2.20}$$

となる．もし，$D_C\ (\delta,\varepsilon)=0$，$D_S\ (\delta,\varepsilon)\neq 0$ ならば，解 (2.13) は

$$x=a_0+\sum_{i=1}^{\infty}a_{2i}\cos it \tag{2.21}$$

となり，$D_C(\delta,\varepsilon)\neq 0$，$D_S(\delta,\varepsilon)=0$ ならば，解 (2.13) は

$$x=\sum_{i=1}^{\infty}b_{2i}\sin it \tag{2.22}$$

と表される．ただし，係数 a_{2i} や b_{2i} は，大きさは決まらず，係数の比が決まるだけである．そのため，たとえば a_0 と b_2 を任意定数とすれば，ほかの係数はこれらを用いて

$$\begin{aligned}a_2&=-\frac{\delta}{\frac{1}{2}\varepsilon}a_0\\ a_4&=-\frac{\varepsilon}{\frac{1}{2}\varepsilon}a_0-\frac{(\delta-1^2)}{\frac{1}{2}\varepsilon}a_2\\ &=\left\{-2+\frac{\delta(\delta-1^2)}{\left(\frac{1}{2}\varepsilon\right)^2}\right\}a_0\end{aligned}$$

や，

$$
\begin{aligned}
b_4 &= -\frac{(\delta - 1^2)}{\frac{1}{2}\varepsilon} b_2 \\
b_6 &= -b_2 - \frac{\delta - 2^2}{\frac{1}{2}\varepsilon} b_4 \\
&= \left(-1 + \frac{\delta - 1^2}{\frac{1}{2}\varepsilon} \frac{\delta - 2^2}{\frac{1}{2}\varepsilon} \right) b_2
\end{aligned}
$$

などのように表される．こうして，式 (2.21) や式 (2.22) は任意定数を各 1 個ふくむことがわかる．

2.2.2 i が奇数（周期が 4π の解）の場合

次の二つの代数方程式が得られる．

$$
\begin{bmatrix}
\delta - \left(\frac{1}{2}\right)^2 + \frac{1}{2}\varepsilon & \frac{1}{2}\varepsilon & 0 & \cdots \\
\frac{1}{2}\varepsilon & \delta - \left(\frac{3}{2}\right)^2 & \frac{1}{2}\varepsilon & \cdots \\
0 & \frac{1}{2}\varepsilon & \delta - \left(\frac{5}{2}\right)^2 & \cdots \\
\vdots & \vdots & \vdots & \ddots
\end{bmatrix}
\begin{bmatrix} a_1 \\ a_3 \\ a_5 \\ \vdots \end{bmatrix}
=
\begin{bmatrix} 0 \\ 0 \\ 0 \\ \vdots \end{bmatrix}
\tag{2.23}
$$

$$
\begin{bmatrix}
\delta - \left(\frac{1}{2}\right)^2 - \frac{1}{2}\varepsilon & \frac{1}{2}\varepsilon & 0 & \cdots \\
\frac{1}{2}\varepsilon & \delta - \left(\frac{3}{2}\right)^2 & \frac{1}{2}\varepsilon & \cdots \\
0 & \frac{1}{2}\varepsilon & \delta - \left(\frac{5}{2}\right)^2 & \cdots \\
\vdots & \vdots & \vdots & \ddots
\end{bmatrix}
\begin{bmatrix} b_1 \\ b_3 \\ b_5 \\ \vdots \end{bmatrix}
=
\begin{bmatrix} 0 \\ 0 \\ 0 \\ \vdots \end{bmatrix}
\tag{2.24}
$$

上式と同様にして，代数方程式が解をもつための次の二つの必要十分条件が得られる．

$$\Delta_C(\delta,\varepsilon)=\begin{vmatrix} \delta-\left(\frac{1}{2}\right)^2+\frac{1}{2}\varepsilon & \frac{1}{2}\varepsilon & 0 & \cdots \\ \frac{1}{2}\varepsilon & \delta-\left(\frac{3}{2}\right)^2 & \frac{1}{2}\varepsilon & \cdots \\ 0 & \frac{1}{2}\varepsilon & \delta-\left(\frac{5}{2}\right)^2 & \cdots \\ \vdots & \vdots & \vdots & \ddots \end{vmatrix}=0 \tag{2.25}$$

$$\Delta_S(\delta,\varepsilon)=\begin{vmatrix} \delta-\left(\frac{1}{2}\right)^2-\frac{1}{2}\varepsilon & \frac{1}{2}\varepsilon & 0 & \cdots \\ \frac{1}{2}\varepsilon & \delta-\left(\frac{3}{2}\right)^2 & \frac{1}{2}\varepsilon & \cdots \\ 0 & \frac{1}{2}\varepsilon & \delta-\left(\frac{5}{2}\right)^2 & \cdots \\ \vdots & \vdots & \vdots & \ddots \end{vmatrix}=0 \tag{2.26}$$

もし，$\Delta_C(\delta,\varepsilon)=0$，$\Delta_S(\delta,\varepsilon)\neq 0$ ならば，解 (2.13) は

$$x=\sum_{i=1}^{\infty} a_{2i-1}\cos\frac{2i-1}{2}t \tag{2.27}$$

となり，$\Delta_C(\delta,\varepsilon)\neq 0$，$\Delta_S(\delta,\varepsilon)=0$ ならば，解 (2.13) は

$$x=\sum_{i=1}^{\infty} b_{2i-1}\sin\frac{2i-1}{2}t \tag{2.28}$$

と表される．ここでもやはり，係数 a_{2i-1} や b_{2i-1} は，大きさは決まらず，係数の比が決まるだけである．そのため，たとえば a_1 と b_1 を任意定数とすれば，ほかの係数は

$$a_3=-\left\{1+\frac{\delta-\left(\frac{1}{2}\right)^2}{\frac{1}{2}\varepsilon}\right\}a_1$$

$$\begin{aligned} a_5&=-a_1-\frac{\left\{\delta-\left(\frac{3}{2}\right)^2\right\}}{\frac{1}{2}\varepsilon}a_3 \\ &=\left[-1+\left\{1+\frac{\delta-\left(\frac{1}{2}\right)^2}{\frac{1}{2}\varepsilon}\right\}\frac{\left\{\delta-\left(\frac{3}{2}\right)^2\right\}}{\frac{1}{2}\varepsilon}\right]a_1 \end{aligned}$$

や，

$$b_3 = \left\{ 1 - \frac{\delta - \left(\dfrac{1}{2}\right)^2}{\dfrac{1}{2}\varepsilon} \right\} b_1$$

$$\begin{aligned} b_5 &= -b_1 - \frac{\left\{\delta - \left(\dfrac{3}{2}\right)^2\right\}}{\dfrac{1}{2}\varepsilon} b_3 \\ &= \left[-1 - \left\{ 1 - \frac{\delta - \left(\dfrac{1}{2}\right)^2}{\dfrac{1}{2}\varepsilon} \right\} \frac{\left\{\delta - \left(\dfrac{3}{2}\right)^2\right\}}{\dfrac{1}{2}\varepsilon} \right] b_1 \end{aligned}$$

などのように表される．こうして，やはり式 (2.27) や式 (2.28) も任意定数を各 1 個ふくむことがわかる．

2.2.3　不安定領域

式 (2.19)，(2.20)，(2.25)，(2.26) より，δ と ε の関係を求めれば，不安定領域の四種類の境界線が得られる（図 2.2）．このような安定判別図は，1928 年にストラット（Strutt）によって求められたので，**ストラットの図**（Strutt diagram あるいは Strutt chart）ともよばれている．この図を見れば，$\delta < 0$ の部分にわずかであるが，安定領域が存在しているのがわかる．これを，支点が上下に振動する振り子の式 (1.38) にあてはめてみると，g の符号を負にした場合に相当し，倒立振り子に安定な状態が存在することを示している．

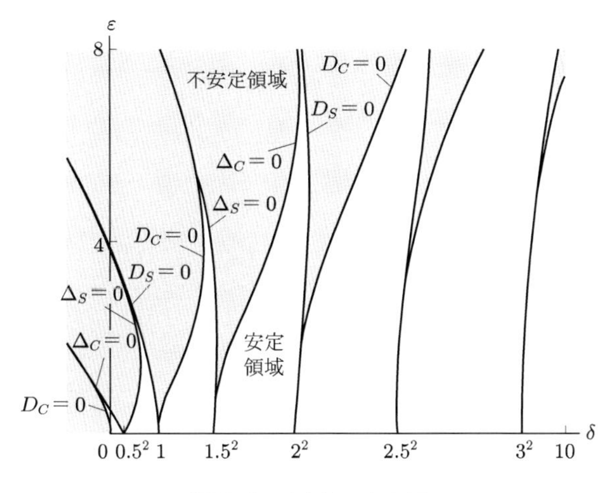

図 **2.2**　ストラットの図

なお，$D_C(\delta, \varepsilon) = 0$ のときの解 (2.21) は

$$\mathrm{ce}_{2i}(t, \varepsilon) = a_0 + \sum_{i=1}^{\infty} a_{2i} \cos \frac{2i}{2} t \tag{2.21$'$}$$

とも表され，**周期 2π の偶マシュー関数**とよばれる．

$D_S(\delta, \varepsilon) = 0$ のときの解 (2.22) は

$$\mathrm{se}_{2i}(t, \varepsilon) = \sum_{i=1}^{\infty} b_{2i} \sin \frac{2i}{2} t \tag{2.22$'$}$$

とも表され，**周期 2π の奇マシュー関数**とよばれる．

$\Delta_C(\delta, \varepsilon) = 0$ のときの解 (2.27) は

$$\mathrm{ce}_{2i-1}(t, \varepsilon) = \sum_{i=1}^{\infty} a_{2i-1} \cos \frac{2i-1}{2} t \tag{2.27$'$}$$

とも表され，**周期 4π の偶マシュー関数**とよばれる．

$\Delta_S(\delta, \varepsilon) = 0$ のときの解 (2.28) は

$$\mathrm{se}_{2i-1}(t, \varepsilon) = \sum_{i=1}^{\infty} b_{2i-1} \sin \frac{2i-1}{2} t \tag{2.28$'$}$$

とも表され，**周期 4π の奇マシュー関数**とよばれる．

2.3　特性方程式とマシューの方程式の一般解

2.2 節では，周期 2π および 4π の周期解が安定・不安定の境界になるということを利用して不安定領域の境界を求める方法を示し，周期解を求めてきた．しかし，これらはマシューの方程式の一般解を与えるものではない．本節では，1.4 節のリャプノフの定理に従って，マシューの方程式の一般解の求め方を示す．ただし，一般解を解析的に求めることは困難であるので，実用上は，適当な数値計算法でマシューの方程式を解いて振動波形を求めれば十分である．

マシューの方程式

$$\ddot{x} + (\delta + \varepsilon \cos t)x = 0$$

の解は，式 (1.71) を参考にして

$$x = e^{\lambda t} \sum_{i=-\infty}^{\infty} c_i e^{j\frac{it}{2}} \tag{2.29}$$

とおくことができる．ただし，式 (1.71)$'$ のような三角関数を用いた解については付

録 2.1 で考える．この解の形に合わせてマシューの方程式も指数関数で表現すると

$$\ddot{x} + \left(\delta + \frac{1}{2}\varepsilon e^{jt} + \frac{1}{2}\varepsilon e^{-jt}\right)x = 0 \tag{2.30}$$

となる．

式 (2.29) を式 (2.30) に代入すれば，

$$\begin{aligned}
&\sum_{i=-\infty}^{\infty} c_i\left\{\delta + \left(\lambda + j\frac{i}{2}\right)^2\right\}e^{\left(\lambda + j\frac{i}{2}\right)t} + \frac{\varepsilon}{2}\sum_{i=-\infty}^{\infty} c_i e^{\left(\lambda + j\frac{i+2}{2}\right)t} \\
&\qquad + \frac{\varepsilon}{2}\sum_{i=-\infty}^{\infty} c_i e^{\left(\lambda + j\frac{i-2}{2}\right)t} \\
&= \sum_{i=-\infty}^{\infty}\left[\left\{\delta + \left(\lambda + j\frac{i}{2}\right)^2\right\}c_i + \frac{\varepsilon}{2}c_{i-2} + \frac{\varepsilon}{2}c_{i+2}\right]e^{\left(\lambda + j\frac{i}{2}\right)t} \\
&= 0
\end{aligned} \tag{2.31}$$

となるので，これが時間 t に無関係に成り立つためには

$$\frac{\varepsilon}{2}c_{i-2} + \left\{\delta + \left(\lambda + j\frac{i}{2}\right)^2\right\}c_i + \frac{\varepsilon}{2}c_{i+2} = 0 \qquad (i = -\infty \sim \infty) \tag{2.32}$$

でなければならない．ここで，複素数表示を避けるために

$$\lambda = jz$$

とおいて新しく z を導入すれば，

$$\frac{\varepsilon}{2}c_{i-2} + \left\{\delta - \left(z + \frac{i}{2}\right)^2\right\}c_i + \frac{\varepsilon}{2}c_{i+2} = 0 \qquad (i = -\infty \sim \infty) \tag{2.33}$$

となる．これより，i が偶数の場合と奇数の場合の二つの関係式が得られる．

2.3.1 i が偶数の場合

$$\begin{bmatrix}
\ddots & \vdots & \vdots & \vdots & \iddots \\
\cdots & \delta - (z-1)^2 & \frac{1}{2}\varepsilon & 0 & \cdots \\
\cdots & \frac{1}{2}\varepsilon & \delta - z^2 & \frac{1}{2}\varepsilon & \cdots \\
\cdots & 0 & \frac{1}{2}\varepsilon & \delta - (z+1)^2 & \cdots \\
\iddots & \vdots & \vdots & \vdots & \ddots
\end{bmatrix}
\begin{bmatrix} \vdots \\ c_{-2} \\ c_0 \\ c_2 \\ \vdots \end{bmatrix}
=
\begin{bmatrix} \vdots \\ 0 \\ 0 \\ 0 \\ \vdots \end{bmatrix} \tag{2.34}$$

となり，この式が非自明解をもつための必要十分条件は，

$$F(z) = \begin{vmatrix} \ddots & \vdots & \vdots & \vdots & \iddots \\ \cdots & \delta - (z-1)^2 & \frac{1}{2}\varepsilon & 0 & \cdots \\ \cdots & \frac{1}{2}\varepsilon & \delta - z^2 & \frac{1}{2}\varepsilon & \cdots \\ \cdots & 0 & \frac{1}{2}\varepsilon & \delta - (z+1)^2 & \cdots \\ \iddots & \vdots & \vdots & \vdots & \ddots \end{vmatrix} = 0 \tag{2.35}$$

となる．これを**特性方程式**という．

2.3.2　i が奇数の場合

代数方程式は

$$\begin{bmatrix} \ddots & \vdots & \vdots & \vdots & \iddots \\ \cdots & \delta - \left(z - \frac{3}{2}\right)^2 & \frac{1}{2}\varepsilon & 0 & \cdots \\ \cdots & \frac{1}{2}\varepsilon & \delta - \left(z - \frac{1}{2}\right)^2 & \frac{1}{2}\varepsilon & \cdots \\ \cdots & 0 & \frac{1}{2}\varepsilon & \delta - \left(z + \frac{1}{2}\right)^2 & \cdots \\ \iddots & \vdots & \vdots & \vdots & \ddots \end{bmatrix} \begin{bmatrix} \vdots \\ c_{-3} \\ c_{-1} \\ c_1 \\ \vdots \end{bmatrix} = \begin{bmatrix} \vdots \\ 0 \\ 0 \\ 0 \\ \vdots \end{bmatrix} \tag{2.36}$$

となり，この式が非自明解をもつための必要十分条件は，

$$G(z) = \begin{vmatrix} \ddots & \vdots & \vdots & \vdots & \iddots \\ \cdots & \delta - \left(z - \frac{3}{2}\right)^2 & \frac{1}{2}\varepsilon & 0 & \cdots \\ \cdots & \frac{1}{2}\varepsilon & \delta - \left(z - \frac{1}{2}\right)^2 & \frac{1}{2}\varepsilon & \cdots \\ \cdots & 0 & \frac{1}{2}\varepsilon & \delta - \left(z + \frac{1}{2}\right)^2 & \cdots \\ \iddots & \vdots & \vdots & \vdots & \ddots \end{vmatrix} = 0 \tag{2.37}$$

となる．これも特性方程式である．

2.3.3 $F=0$, $G\neq 0$ の場合

奇数の i の係数はすべて零となる．偶数の i に対する式 (2.35) の一つの解を仮に z_0 とおき，それに対応する係数を仮に ${c_i}^0$ とおけば，

$$\frac{\varepsilon}{2}{c_{i-2}}^0+\left\{\delta-\left(z_0+\frac{i}{2}\right)^2\right\}{c_i}^0+\frac{\varepsilon}{2}{c_{i+2}}^0=0 \qquad (i=-\infty\sim\infty) \tag{2.38}$$

となる．$-z_0$ も解であることがわかるので，これに対する係数を c_i とすると

$$\frac{\varepsilon}{2}c_{i-2}+\left\{\delta-\left(z_0-\frac{i}{2}\right)^2\right\}c_i+\frac{\varepsilon}{2}c_{i+2}=0 \qquad (i=-\infty\sim\infty)$$

となり，これら二つの式の対応関係から

$$c_i={c_{-i}}^0$$

であることがわかる．

また，$z=z_0+k$（k：整数）もまた解であるので，これに対する係数を c_i とすると

$$\frac{\varepsilon}{2}c_{i-2}+\left\{\delta-\left(z_0+\frac{i+2k}{2}\right)^2\right\}c_i+\frac{\varepsilon}{2}c_{i+2}=0 \qquad (i=-\infty\sim\infty)$$

となり，これと式 (2.38) の対応関係から

$$c_i={c_{i+2k}}^0$$

となる．同様に，$z=-z_0+k$（k：整数）もまた解であるので，これに対する係数を c_i とすると

$$c_i={c_{-(i+2k)}}^0$$

となる．こうして，$0\leqq z_0\leqq 1/2$ となる解 z_0 が求まれば，ほかの解は $\pm z_0+k$ で表されるので，以下では，z_0 を**代表特性解**とよぶことにする．

以上のようにして，$F=0$, $G\neq 0$ の場合の一般解は

$$\begin{aligned}
x&=\sum_{k=-\infty}^{\infty}\sum_{i=-\infty}^{\infty}\left\{\alpha_k{c_{i+2k}}^0e^{j\left(z_0+\frac{i+2k}{2}\right)t}+\beta_k{c_{-(i+2k)}}^0e^{j\left(-z_0+\frac{i+2k}{2}\right)t}\right\}\\
&=\sum_{k=-\infty}^{\infty}\sum_{i=-\infty}^{\infty}\left\{\alpha_k{c_i}^0e^{j\left(z_0+\frac{i}{2}\right)t}+\beta_k{c_{-i}}^0e^{j\left(-z_0+\frac{i}{2}\right)t}\right\}\\
&=\sum_{k=-\infty}^{\infty}\alpha_k(\cos z_0t+j\sin z_0t)\sum_{i=-\infty}^{\infty}{c_i}^0\left(\cos\frac{i}{2}t+j\sin\frac{i}{2}t\right)
\end{aligned}$$

$$+\sum_{k=-\infty}^{\infty}\beta_k(\cos z_0 t - j\sin z_0 t)\sum_{i=-\infty}^{\infty}c_i{}^0\left(\cos\frac{i}{2}t - j\sin\frac{i}{2}t\right)$$

$$=\cos z_0 t\sum_{i=-\infty}^{\infty}c_i{}^0\left(C\cos\frac{i}{2}t + D\sin\frac{i}{2}t\right)$$

$$+\sin z_0 t\sum_{i=-\infty}^{\infty}c_i{}^0\left(D\cos\frac{i}{2}t - C\sin\frac{i}{2}t\right) \tag{2.39}$$

と表される．ここに，$A=\Sigma\alpha_k$，$B=\Sigma\beta_k$，$C=A+B$，$D=j(A-B)$ は初期条件で決まる定数である．なお，係数 $c_i{}^0$ は，無限次の代数方程式 (2.34)，(2.36) から得られるものであるが，マシュー関数の場合と異なって，比を解析的に表現することはできない．実際には有限次の代数方程式で数値的に近似するが，この計算はもとのマシューの方程式を直接計算するよりもずっと複雑になる．したがって，この一般解は形式的に示されるだけで，実用的ではない．

とくに，$z_0=0$ の場合，

$$x=\sum_{i=-\infty}^{\infty}c_i{}^0\left(C\cos\frac{i}{2}t + D\sin\frac{i}{2}t\right) \tag{2.40}$$

のように，周期が 2π の周期解となる．これは式 (2.21)，(2.22) に対応している．

2.3.4　$F \neq 0$，$G=0$ の場合

式 (2.37) の一つの根を z_1 とおくと，$z_1 = z_0 + 1/2$ が成立する．このとき，式 (2.33) は

$$\frac{\varepsilon}{2}c_{i-2}+\left\{\delta-\left(z_0+\frac{i+1}{2}\right)^2\right\}c_i+\frac{\varepsilon}{2}c_{i+2}=0 \qquad (i=-\infty\sim\infty)$$

となるので，式 (2.38) との対応から

$$c_i = c_{i+1}{}^0 \qquad (i\text{ は奇数})$$

が成立し，一般解は

$$x=\sum_{k=-\infty}^{\infty}\sum_{i=-\infty}^{\infty}\left\{\alpha_k c_{i+1+2k}{}^0 e^{j\left(z_0+\frac{i+1+2k}{2}\right)t}\right.$$

$$\left.+\beta_k c_{-(i+1+2k)}{}^0 e^{j\left(-z_0+\frac{i+1+2k}{2}\right)t}\right\}$$

$$=\sum_{k=-\infty}^{\infty}\sum_{i=-\infty}^{\infty}\left\{\alpha_k c_{i+1}{}^0 e^{j\left(z_0+\frac{i+1}{2}\right)t}+\beta_k c_{-(i+1)}{}^0 e^{j\left(-z_0+\frac{i+1}{2}\right)t}\right\}$$

$$= \sum_{k=-\infty}^{\infty} \left\{ \alpha_k e^{jz_0t} \sum_{i=-\infty}^{\infty} c_{i+1}{}^0 e^{j\frac{i+1}{2}t} + \beta_k e^{-jz_0t} \sum_{i=-\infty}^{\infty} c_{i+1}{}^0 e^{-j\frac{i+1}{2}t} \right\}$$

$$= \sum_{k=-\infty}^{\infty} \alpha_k(\cos z_0t + j\sin z_0t) \sum_{i=-\infty}^{\infty} c_{i+1}{}^0 \left(\cos\frac{i+1}{2}t + j\sin\frac{i+1}{2}t\right)$$

$$+ \sum_{k=-\infty}^{\infty} \beta_k(\cos z_0t - j\sin z_0t) \sum_{i=-\infty}^{\infty} c_{i+1}{}^0 \left(\cos\frac{i+1}{2}t - j\sin\frac{i+1}{2}t\right)$$

$$= \cos z_0t \sum_{i=-\infty}^{\infty} c_{i+1}{}^0 \left(C\cos\frac{i+1}{2}t + D\sin\frac{i+1}{2}t\right)$$

$$+ \sin z_0t \sum_{i=-\infty}^{\infty} c_{i+1}{}^0 \left(D\cos\frac{i+1}{2}t - C\sin\frac{i+1}{2}t\right) \tag{2.41}$$

と表される．ここでは，i は奇数だから，式 (2.41) は式 (2.39) と一致する．

とくに，$z_1 = 0$ ($z_0 = -1/2$) とおけば，式 (2.41) は $\cos t/2$ と $\sin t/2$ の成分をふくむので，周期は 4π となり，式 (2.27)，(2.28) に対応する．

2.4 フォン・コッホの行列式とその近似解

さて，$c_n{}^0$ を求めるにしても，z_0 を求めるにしても，無限次の行列式 $F(z)$ や $G(z)$ の値を求めなければならない．このような行列式は，ヒルベルト（Hilbert）の弟子のフォン・コッホ（von Koch）によって研究されたので，**フォン・コッホの行列式**とよばれている．しかし，この行列式の値の解析的な表現式はまだ得られていないが，近似的な表現式はすでに得られているので，次にそれを紹介する．

$F(z)$ と $G(z)$ の z は互いに 1/2 ずれているだけであるので，どちらか一方の式の解を求めればよい．ここでは $F(z)$ を取り扱うことにする．まず，次のように変形する．

$$f(z) = \begin{vmatrix} \ddots & \vdots & \vdots & \vdots & \iddots \\ \cdots & 1 & \dfrac{\varepsilon/2}{\delta-(z-1)^2} & 0 & \cdots \\ \cdots & \dfrac{\varepsilon/2}{\delta-z^2} & 1 & \dfrac{\varepsilon/2}{\delta-z^2} & \cdots \\ \cdots & 0 & \dfrac{\varepsilon/2}{\delta-(z+1)^2} & 1 & \cdots \\ \iddots & \vdots & \vdots & \vdots & \ddots \end{vmatrix} = 0 \tag{2.42}$$

いま，この式の中央にある 1 の上下左右の各 m 行 m 列を取り出して，$2m+1$ 次

の有限な行列式

$$f_m(z) = \begin{vmatrix} 1 & \frac{\varepsilon/2}{\delta-(z-m)^2} & 0 & \cdots & \cdots & \cdots \\ \frac{\varepsilon/2}{\delta-(z-m+1)^2} & 1 & \frac{\varepsilon/2}{\delta-(z-m+1)^2} & \cdots & \cdots & \cdots \\ \vdots & \vdots & \vdots & \vdots & \vdots & \vdots \\ \cdots & \cdots & \cdots & \frac{\varepsilon/2}{\delta-(z+m-1)^2} & 1 & \frac{\varepsilon/2}{\delta-(z+m-1)^2} \\ \cdots & \cdots & \cdots & 0 & \frac{\varepsilon/2}{\delta-(z+m)^2} & 1 \end{vmatrix} \tag{2.43}$$

をつくり，展開すれば

$$\left.\begin{aligned} f_m(z) &= \prod_{k=-m}^{m} B_k, \quad B_{-m} = 1 \\ B_k &= 1 - \frac{1}{B_{k-1}} \frac{\varepsilon/2}{\delta-(z+k)^2} \frac{\varepsilon/2}{\delta-(z+k-1)^2} \end{aligned}\right\} \tag{2.44}$$

となる（付録 2.2，2.3 参照）.

この B_k は**連分数**の形になっており，$m \to \infty$ のときの $f_m(z)$ の極限値を解析的に表現することは現時点では不可能であるが，m と $f_m(z)$ の関係は数値計算では容易に求められる.

さて，式 (2.44) の極限の形は近似的には示されている．すなわち，式 (2.44) より

$$\begin{aligned} f_m(z) &= 1 - \left(\frac{\varepsilon}{2}\right)^2 \sum_{k=-m+1}^{m} \frac{1}{\delta-(z+k)^2} \frac{1}{\delta-(z+k-1)^2} \\ &\quad + O(\varepsilon^4) + O(\varepsilon^6) + \cdots \\ &\fallingdotseq 1 - \left(\frac{\varepsilon}{2}\right)^2 \sum_{k=-m+1}^{m} \frac{1}{\delta-(z+k)^2} \frac{1}{\delta-(z+k-1)^2} \end{aligned} \tag{2.45}$$

これより

$$\begin{aligned} f(z) \sim \lim_{m\to\infty} f_m(z) &= 1 - \left(\frac{\varepsilon}{2}\right)^2 \sum_{k=-\infty}^{\infty} \frac{1}{\delta-(z+k)^2} \frac{1}{\delta-(z+k-1)^2} \\ &= 1 - \left(\frac{\varepsilon}{2}\right)^2 \sum_{k=-\infty}^{\infty} \left\{ \frac{1}{\delta-(z+k)^2} - \frac{1}{\delta-(z+k-1)^2} \right\} \frac{1}{2(z+k)-1} \\ &= 1 - \left(\frac{\varepsilon}{2}\right)^2 \sum_{k=-\infty}^{\infty} \frac{1}{\delta-(z+k)^2} \left\{ \frac{1}{2(z+k)-1} - \frac{1}{2(z+k+1)-1} \right\} \\ &= 1 + \frac{1}{2}\left(\frac{\varepsilon}{2}\right)^2 \sum_{k=-\infty}^{\infty} \frac{1}{\delta-(z+k)^2} \frac{1}{\left(\frac{1}{2}\right)^2 - (z+k)^2} \end{aligned}$$

$$
\begin{aligned}
&= 1 + \frac{1}{2}\left(\frac{\varepsilon}{2}\right)^2 \sum_{k=-\infty}^{\infty} \frac{1}{\left(\frac{1}{2}\right)^2 - \delta} \left\{ \frac{1}{\delta - (z+k)^2} - \frac{1}{\left(\frac{1}{2}\right)^2 - (z+k)^2} \right\} \\
&= 1 + \frac{2}{1-4\delta}\left(\frac{\varepsilon}{2}\right)^2 \sum_{k=-\infty}^{\infty} \left[\frac{1}{2\sqrt{\delta}} \left\{ \frac{1}{\sqrt{\delta} - (z+k)} + \frac{1}{\sqrt{\delta} + (z+k)} \right\} \right. \\
&\qquad\qquad \left. - \left\{ \frac{1}{\frac{1}{2} - (z+k)} + \frac{1}{\frac{1}{2} + (z+k)} \right\} \right] \\
&= 1 + \frac{2}{1-4\delta}\left(\frac{\varepsilon}{2}\right)^2 \left[\frac{\pi}{2\sqrt{\delta}} \{ \cot(z+\sqrt{\delta})\pi - \cot(z-\sqrt{\delta})\pi \} \right. \\
&\qquad\qquad \left. - \pi \left\{ \cot\left(z + \frac{1}{2}\right)\pi - \cot\left(z - \frac{1}{2}\right)\pi \right\} \right] \\
&= 1 + \frac{2\pi}{1-4\delta}\left(\frac{\varepsilon}{2}\right)^2 \left[-\frac{1}{\sqrt{\delta}} \frac{\cot\sqrt{\delta}\pi(1+\cot^2 z\pi)}{\cot^2\sqrt{\delta}\pi - \cot^2 z\pi} + 2\frac{\cot\frac{1}{2}\pi(1+\cot^2 z\pi)}{\cot^2\frac{1}{2}\pi - \cot^2 z\pi} \right] \\
&= 1 + \frac{1}{\sqrt{\delta}} \frac{2\pi}{1-4\delta}\left(\frac{\varepsilon}{2}\right)^2 \cot\sqrt{\delta}\,\pi \frac{1+\tan^2 z\pi}{1 - \tan^2 z\pi \cot^2\sqrt{\delta}\,\pi} \\
&= 1 + \frac{1}{\sqrt{\delta}} \frac{2\pi}{1-4\delta}\left(\frac{\varepsilon}{2}\right)^2 \cot\sqrt{\delta}\,\pi \left\{ 1 + \frac{\sin^2 z\pi}{\sin(\sqrt{\delta}+z)\pi \sin(\sqrt{\delta}-z)\pi} \right\} \\
&\fallingdotseq 0
\end{aligned}
\tag{2.46}
$$

ここで，$z = 0$ とおけば，式 (2.46) は境界式 (2.21)，(2.22) に対応するはずである．すなわち，次式となる．

$$
f(0) \sim 1 + \frac{1}{\sqrt{\delta}} \frac{2\pi}{1-4\delta}\left(\frac{\varepsilon}{2}\right)^2 \cot\sqrt{\delta}\,\pi = 0 \tag{2.47}
$$

以上のようにして，安定･不安定の境界と特性方程式の解 z が求められるが，式 (2.45) よりわかるように，これは ε^2 の項をすべて考慮に入れたかわりに，ε^4 以上の高次の微小項をすべて無視しており，精度上問題が残る．ε^4 以上の高次の微小項の大きさは不明であるので，式 (2.46) が $O(\varepsilon^4)$ で厳密解と一致すると結論づけることはできない．現時点では，数値計算で式 (2.44) の収束の程度をみる以外に，精度を検討することは不可能である．

なお，式 (2.46) と式 (2.47) より

$$
f(z) = 1 + \{f(0) - 1\} \frac{1+\tan^2 z\pi}{1 - \tan^2 z\pi \cot^2\sqrt{\delta}\,\pi}
$$

$$= f(0)\frac{1+\tan^2 z\pi}{1-\tan^2 z\pi\cot^2\sqrt{\delta}\,\pi} - \frac{\sin^2 z\pi}{\sin^2\sqrt{\delta}\,\pi}\frac{1+\tan^2 z\pi}{1-\tan^2 z\pi\cot^2\sqrt{\delta}\,\pi}$$

$$= \frac{\sin^2 z\pi}{\sin(\sqrt{\delta}+z)\pi\sin(\sqrt{\delta}-z)\pi}\left\{f(0) - \frac{\sin^2 z\pi}{\sin^2\sqrt{\delta}\,\pi}\right\} = 0 \quad (2.48)$$

が成立する．したがって，

$$f(0) = \frac{\sin^2 z\pi}{\sin^2\sqrt{\delta}\,\pi} \quad (2.49)$$

とも書ける．

図 2.3 は，式 (2.44) による $f_m(z)$ と式 (2.46) による $f(z)$ の値を比較した例である．また，表 2.1 は式 (2.44) の $f_m(z)$ と m との関係を示している．図 2.3（a）からわかるように，ε が小さいときは，$f(z)$ の値は $f_1(z)$ や $f_{10}(z)$ の値とよく一致しているが，ε が大きくなるとこれら三つの値は異なってくる．図 2.3（b）は，これら三つの値の z による変化を示している．表 2.1 より，$m = 10$ 程度で十分に収束

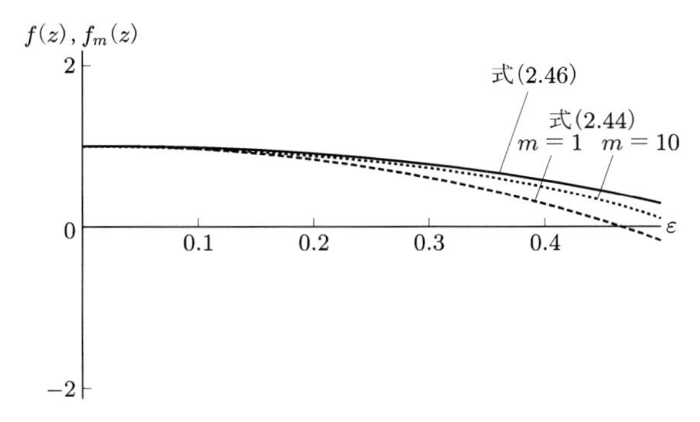

（a）ε による変化（$z=0$，$\delta=1.1$）

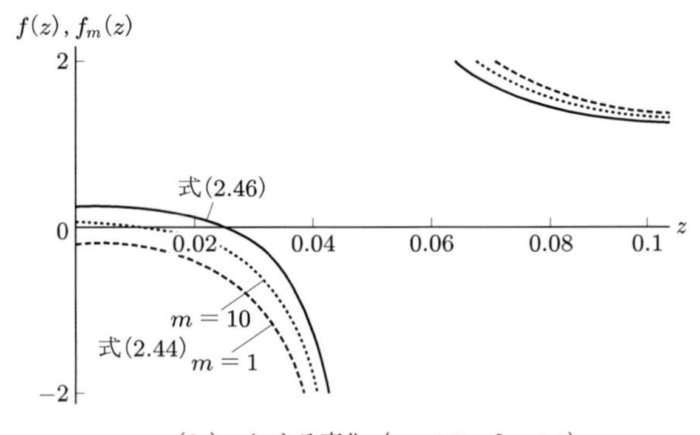

（b）z による変化（$\varepsilon=0.5$，$\delta=1.1$）

図 **2.3**　$f_m(z)$ と $f(z)$ の比較

表 **2.1**　$f_m(z)$ と m の関係 $(z=0,\ \delta=1.1)$

(a) $\varepsilon=0.1$		(b) $\varepsilon=0.5$	
m	$f_m(z)$	m	$f_m(z)$
0	1	0	1
1	.954545	1	−.136363
2	.971469	2	.096213
3	.971259	3	.096448
4	.971218	4	.096346
5	.971204	5	.096312
6	.971198	6	.096298
7	.971195	7	.096290
8	.971194	8	.096286
9	.971193	9	.096284
10	.971192	10	.096282
11	.971192	11	.096281
12	.971192	12	.096281

しているとみなすことができる.

2.5　ヒルの方程式の場合

マシューの方程式を一般化したヒルの方程式についても，基本的には同じ方法を用いることができる.

ヒルの方程式

$$\ddot{x}+\left\{A_0+\sum_{k=1}^{\infty}\left(A_k\cos\frac{2k\pi}{T}t+B_k\sin\frac{2k\pi}{T}\right)t\right\}x=0 \tag{2.50}$$

の解は，三角関数を用いると

$$x=e^{\lambda t}\left\{a_0+\sum_{n=1}^{\infty}\left(a_n\cos\frac{n\pi}{T}t+b_n\sin\frac{n\pi}{T}t\right)\right\} \tag{2.51}$$

と表され，指数関数を用いると

$$x=e^{\lambda t}\sum_{n=-\infty}^{\infty}c_ne^{j\frac{n\pi}{T}t}\qquad(j=\sqrt{-1}) \tag{2.52}$$

と表される．ただし，a_0，a_n，b_n，c_n は未知定数，λ も未知数である.

2.3 節では，指数関数の形の解を用いて特性方程式を導いた．これを解けば，実数

解 z（$\lambda = jz$ により λ は純虚数）は容易に求まるが，虚数解 z（λ は実数）は簡単には求まらない．実数の λ を求めるには三角関数の解が適している．したがって，式 (2.51)，(2.52) のいずれを用いるかは，純虚数 λ と実数 λ のどちらを求めるかで決まる．しかし，付録 2.1 でも示すように，三角関数の解を用いると途中の演算が複雑で，導かれる特性方程式の形もあまり単純とはいえない．そこで，ここでも指数関数の方を用いる．

ヒルの方程式 (2.50) もあらかじめ指数関数で

$$\ddot{x} + \sum_{k=-\infty}^{\infty} C_k e^{j\frac{2k\pi}{T}t} x = 0 \tag{2.53}$$

と表示しておく．これに式 (2.52) を代入すると，次式となる．

$$\sum_{n=-\infty}^{\infty} \left\{ \left(\lambda + j\frac{n\pi}{T}\right)^2 c_n + \sum_{k=-\infty}^{\infty} C_k c_{n-2k} \right\} e^{\left(\lambda + j\frac{n\pi}{T}\right)t} = 0 \tag{2.54}$$

ここで，$\lambda = jz$ とおくと，偶数の n に対しては

$$\begin{bmatrix} \ddots & \vdots & \vdots & \vdots & \iddots \\ \cdots & C_0 - \left(z - \frac{2\pi}{T}\right)^2 & C_{-1} & C_{-2} & \cdots \\ \cdots & C_1 & C_0 - z^2 & C_{-1} & \cdots \\ \cdots & C_2 & C_1 & C_0 - \left(z + \frac{2\pi}{T}\right)^2 & \cdots \\ \iddots & \vdots & \vdots & \vdots & \ddots \end{bmatrix} \begin{bmatrix} \vdots \\ c_{-2} \\ c_0 \\ c_2 \\ \vdots \end{bmatrix} = \mathbf{0} \tag{2.55}$$

が成り立ち，奇数の n に対しては

$$\begin{bmatrix} \ddots & \vdots & \vdots & \vdots & \iddots \\ \cdots & C_0 - \left(z - \frac{3\pi}{T}\right)^2 & C_{-1} & C_{-2} & \cdots \\ \cdots & C_1 & C_0 - \left(z - \frac{\pi}{T}\right)^2 & C_{-1} & \cdots \\ \cdots & C_2 & C_1 & C_0 - \left(z + \frac{\pi}{T}\right)^2 & \cdots \\ \iddots & \vdots & \vdots & \vdots & \ddots \end{bmatrix} \begin{bmatrix} \vdots \\ c_{-3} \\ c_{-1} \\ c_1 \\ \vdots \end{bmatrix} = \mathbf{0} \tag{2.56}$$

が成り立つ．したがって，特性方程式は

$$F(z) = \begin{vmatrix} \ddots & \vdots & \vdots & \vdots & \iddots \\ \cdots & C_0 - \left(z - \dfrac{2\pi}{T}\right)^2 & C_{-1} & C_{-2} & \cdots \\ \cdots & C_1 & C_0 - z^2 & C_{-1} & \cdots \\ \cdots & C_2 & C_1 & C_0 - \left(z + \dfrac{2\pi}{T}\right)^2 & \cdots \\ \iddots & \vdots & \vdots & \vdots & \ddots \end{vmatrix} = 0 \tag{2.57}$$

および

$$G(z) = \begin{vmatrix} \ddots & \vdots & \vdots & \vdots & \iddots \\ \cdots & C_0 - \left(z - \dfrac{3\pi}{T}\right)^2 & C_{-1} & C_{-2} & \cdots \\ \cdots & C_1 & C_0 - \left(z - \dfrac{\pi}{T}\right)^2 & C_{-1} & \cdots \\ \cdots & C_2 & C_1 & C_0 - \left(z + \dfrac{\pi}{T}\right)^2 & \cdots \\ \iddots & \vdots & \vdots & \vdots & \ddots \end{vmatrix} = 0 \tag{2.58}$$

となる．$F(z)$，$G(z)$ と z の性質は，2.3 節のものとまったく同じである．

安定・不安定の境界は，やはり $z = 0$ で与えられる．$F(0) = 0$ の境界では，周期が T の周期解となり，$G(0) = 0$ の境界では周期が $2T$ の周期解となる．

付録 2.1　解を三角関数で表した場合の特性方程式

以上では，通常のマシューの方程式で考えてきたが，次の振動数 ω を考慮に入れたマシューの方程式を考える．

$$\ddot{x} + (\delta + \varepsilon \cos \omega t)x = 0 \tag{1}$$

これの解を三角関数の形

$$x = e^{\lambda t}\left\{a_0 + \sum_{n=1}^{\infty}\left(a_n \cos\frac{n\omega t}{2} + b_n \sin\frac{n\omega t}{2}\right)\right\} \tag{2}$$

で表した場合

$$\dot{x} = e^{\lambda t}\left[\lambda a_0 + \sum_{n=1}^{\infty}\left\{\left(\lambda a_n + \frac{n\omega}{2}b_n\right)\cos\frac{n\omega t}{2} + \left(\lambda b_n - \frac{n\omega}{2}a_n\right)\sin\frac{n\omega t}{2}\right\}\right]$$

$$\ddot{x} = e^{\lambda t}\Bigg[\lambda^2 a_0 + \sum_{n=1}^{\infty}\left\{\lambda^2 a_n + n\omega\lambda b_n - \left(\frac{n\omega}{2}\right)^2 a_n\right\}\cos\frac{n\omega t}{2} + \sum_{n=1}^{\infty}\left\{\lambda^2 b_n - n\omega\lambda a_n - \left(\frac{n\omega}{2}\right)^2 b_n\right\}\sin\frac{n\omega t}{2}\Bigg]$$

となり，これらを式 (1) に代入すると

$$e^{\lambda t}\Bigg[(\lambda^2+\delta)a_0 + \sum_{n=1}^{\infty}\left\{(\lambda^2+\delta)a_n + n\omega\lambda b_n - \left(\frac{n\omega}{2}\right)^2 a_n\right\}\cos\frac{n\omega t}{2} + \sum_{n=1}^{\infty}\left\{(\lambda^2+\delta)b_n - n\omega\lambda a_n - \left(\frac{n\omega}{2}\right)^2 b_n\right\}\sin\frac{n\omega t}{2}\Bigg] + \varepsilon\cos\omega t\cdot e^{\lambda t}\left\{a_0 + \sum_{n=1}^{\infty}\left(a_n\cos\frac{n\omega t}{2} + b_n\sin\frac{n\omega t}{2}\right)\right\} = 0 \tag{3}$$

となる．ところで

$$\cos\omega t\left(a_n\cos\frac{n\omega t}{2} + b_n\sin\frac{n\omega t}{2}\right) = \frac{1}{2}\left\{a_n\left(\cos\frac{n+2}{2}\omega t + \cos\frac{n-2}{2}\omega t\right) + b_n\left(\sin\frac{n+2}{2}\omega t + \sin\frac{n-2}{2}\omega t\right)\right\} \tag{4}$$

であるので，式 (3) の $e^{\lambda t}$ の係数は

$$(\lambda^2+\delta)a_0 + \frac{1}{2}\varepsilon a_2 = 0$$

$e^{\lambda t}\cos\omega t/2$ の係数は

$$\left\{\lambda^2 - \left(\frac{\omega}{2}\right)^2 + \delta\right\}a_1 + \omega\lambda b_1 + \frac{1}{2}\varepsilon(a_1+a_3) = 0$$

$e^{\lambda t}\cos\omega t$ の係数は

$$\{\lambda^2 - \omega^2 + \delta\}a_2 + 2\omega\lambda b_2 + \frac{1}{2}\varepsilon(2a_0+a_4) = 0$$

$e^{\lambda t}\cos n\omega t/2$ $(n \geqq 3)$ の係数は

$$\left\{\lambda^2 - \left(\frac{n\omega}{2}\right)^2 + \delta\right\}a_n + n\omega\lambda b_n + \frac{1}{2}\varepsilon(a_{n-2}+a_{n+2}) = 0$$

となり，$e^{\lambda t}\sin\omega t/2$ の係数は

$$\left\{\lambda^2 - \left(\frac{\omega}{2}\right)^2 + \delta\right\}b_1 - \omega\lambda a_1 + \frac{1}{2}\varepsilon(b_3-b_1) = 0$$

$e^{\lambda t}\sin\omega t$ の係数は

$$\{\lambda^2 - \omega^2 + \delta\}b_2 - 2\omega\lambda a_2 + \frac{1}{2}\varepsilon b_4 = 0$$

$e^{\lambda t}\sin n\omega t/2\ (n \geqq 3)$ の係数は

$$\left\{\lambda^2 - \left(\frac{n\omega}{2}\right)^2 + \delta\right\}b_n - n\omega\lambda b_n + \frac{1}{2}\varepsilon(b_{n-2} + b_{n+2}) = 0$$

となる．こうして，偶数の n については

$$\begin{bmatrix} \lambda^2+\delta & \frac{1}{2}\varepsilon & 0 & \cdots & 0 & 0 & \cdots \\ \varepsilon & \lambda^2-\omega^2+\delta & \frac{1}{2}\varepsilon & \cdots & 2\omega\lambda & 0 & \cdots \\ 0 & \frac{1}{2}\varepsilon & \lambda^2-(2\omega)^2+\delta & \cdots & 0 & 4\omega\lambda & \cdots \\ \vdots & \vdots & \vdots & \ddots & \vdots & \vdots & \vdots \\ 0 & -2\omega\lambda & 0 & \cdots & \lambda^2-\omega^2+\delta & \frac{1}{2}\varepsilon & \cdots \\ 0 & 0 & -4\omega\lambda & \cdots & \frac{1}{2}\varepsilon & \lambda^2-(2\omega)^2+\delta & \cdots \\ \vdots & \vdots & \vdots & \cdots & \vdots & \vdots & \ddots \end{bmatrix} \begin{bmatrix} a_0 \\ a_2 \\ a_4 \\ \vdots \\ b_2 \\ b_4 \\ \vdots \end{bmatrix} = \mathbf{0} \tag{5}$$

が得られ，奇数の n については

$$\begin{bmatrix} \lambda^2-\left(\frac{\omega}{2}\right)^2+\delta+\frac{1}{2}\varepsilon & \frac{1}{2}\varepsilon & 0 & \cdots & \omega\lambda & 0 & \cdots \\ \frac{1}{2}\varepsilon & \lambda^2-\left(\frac{3\omega}{2}\right)^2+\delta & \frac{1}{2}\varepsilon & \cdots & 0 & 3\omega\lambda & \cdots \\ 0 & \frac{1}{2}\varepsilon & \lambda^2-\left(\frac{5\omega}{2}\right)^2+\delta & \cdots & 0 & 0 & \cdots \\ \vdots & \vdots & \vdots & \ddots & \vdots & \vdots & \vdots \\ -\omega\lambda & 0 & 0 & \cdots & \lambda^2-\left(\frac{\omega}{2}\right)^2+\delta-\frac{1}{2}\varepsilon & \frac{1}{2}\varepsilon & \cdots \\ 0 & -3\omega\lambda & 0 & \cdots & \frac{1}{2}\varepsilon & \lambda^2-\left(\frac{3\omega}{2}\right)^2+\delta & \cdots \\ \vdots & \vdots & \vdots & \cdots & \vdots & \vdots & \ddots \end{bmatrix} \begin{bmatrix} a_1 \\ a_3 \\ a_5 \\ \vdots \\ b_1 \\ b_3 \\ \vdots \end{bmatrix} = \mathbf{0} \tag{6}$$

が得られ，係数行列式 $= 0$ とおくことにより特性方程式が得られる．これらの特性方程式において $\lambda = 0$ とおけば，ただちに式 (2.19)，(2.20)，(2.25)，(2.26) が導かれる．これらの特性方程式は，実数解 λ を求めるに適しているが，実際の計算はかなり複雑である．

付録 2.2　$G(z)$ から求められる式 (2.44) に対応した式

$G(z)$ から求められる式 (2.42) に対応した式は

$$
g(z) = \begin{vmatrix}
\ddots & \vdots & \vdots & \vdots & \iddots \\
\cdots & 1 & \dfrac{\varepsilon/2}{\delta - \left(z - \dfrac{1}{2}\right)^2} & 0 & \cdots \\
\cdots & \dfrac{\varepsilon/2}{\delta - \left(z + \dfrac{1}{2}\right)^2} & 1 & \dfrac{\varepsilon/2}{\delta - \left(z + \dfrac{1}{2}\right)^2} & \cdots \\
\cdots & 0 & \dfrac{\varepsilon/2}{\delta - \left(z + \dfrac{3}{2}\right)^2} & 1 & \cdots \\
\iddots & \vdots & \vdots & \vdots & \ddots
\end{vmatrix} = 0
$$

であるので，中央の1の上下左右の各 m 行 m 列を取り出せば

$$
g_m(z) = \begin{vmatrix}
1 & \dfrac{\varepsilon/2}{\delta - \left(z - \frac{2m-1}{2}\right)^2} & 0 & \cdots & \cdots & \cdots \\
\dfrac{\varepsilon/2}{\delta - \left(z - \frac{2m-3}{2}\right)^2} & 1 & \dfrac{\varepsilon/2}{\delta - \left(z - \frac{2m-3}{2}\right)^2} & \cdots & \cdots & \cdots \\
\vdots & \vdots & \vdots & \vdots & \vdots & \vdots \\
\cdots & \cdots & \cdots & \dfrac{\varepsilon/2}{\delta - \left(z + \frac{2m-3}{2}\right)^2} & 1 & \dfrac{\varepsilon/2}{\delta - \left(z + \frac{2m-3}{2}\right)^2} \\
\cdots & \cdots & \cdots & 0 & \dfrac{\varepsilon/2}{\delta - \left(z + \frac{2m-1}{2}\right)^2} & 1
\end{vmatrix}
$$

が得られ，展開すれば次式が得られる．

$$
g_m(z) = \prod_{k=-m}^{m} B_k, \quad B_{-m} = 1
$$

$$
B_k = 1 - \frac{1}{B_{k-1}} \frac{\varepsilon/2}{\delta - \left(z + \dfrac{2k-1}{2}\right)^2} \frac{\varepsilon/2}{\delta - \left(z + \dfrac{2k+1}{2}\right)^2}
$$

付録 2.3　式 (2.44) の誘導

いま，ブロックの行列式 $\begin{vmatrix} \boldsymbol{A} & \boldsymbol{B} \\ \boldsymbol{C} & \boldsymbol{D} \end{vmatrix}$（ただし，$\boldsymbol{A}$，$\boldsymbol{D}$ は適当な次数の正方行列とする）を考えた場合，これに値が1である行列式 $\begin{vmatrix} \boldsymbol{E}_1 & \boldsymbol{X} \\ \boldsymbol{0} & \boldsymbol{E}_2 \end{vmatrix}$（ただし，$\boldsymbol{E}_1$，$\boldsymbol{E}_2$ は適当な次数の単位行列とする．$\boldsymbol{X}$ は後で決まる行列である）をかけても値は変わらないので，

$$
\begin{aligned}
\begin{vmatrix} \boldsymbol{A} & \boldsymbol{B} \\ \boldsymbol{C} & \boldsymbol{D} \end{vmatrix} &= \begin{vmatrix} \boldsymbol{A} & \boldsymbol{B} \\ \boldsymbol{C} & \boldsymbol{D} \end{vmatrix} \cdot \begin{vmatrix} \boldsymbol{E} & \boldsymbol{X} \\ \boldsymbol{0} & \boldsymbol{E} \end{vmatrix} \\
&= \begin{vmatrix} \boldsymbol{A} & \boldsymbol{AX} + \boldsymbol{B} \\ \boldsymbol{C} & \boldsymbol{CX} + \boldsymbol{D} \end{vmatrix}
\end{aligned}
$$

が成立する．ここで，$\boldsymbol{A}$ は正則であるとし，$\boldsymbol{X} = -\boldsymbol{A}^{-1}\boldsymbol{B}$ とおくと，上式は次のようになる．

$$|\boldsymbol{A}| \cdot \left|\boldsymbol{D} - \boldsymbol{C}\boldsymbol{A}^{-1}\boldsymbol{B}\right|$$

この公式を式 (2.43) に適用すれば

$$f_m(z) = \left| \begin{bmatrix} 1 & \dfrac{\varepsilon/2}{\delta - (z-m+1)^2} & \cdots & \cdots \\ \vdots & \vdots & \vdots & \vdots \\ \cdots & \dfrac{\varepsilon/2}{\delta - (z+m-1)^2} & 1 & \dfrac{\varepsilon/2}{\delta - (z+m-1)^2} \\ \cdots & 0 & \dfrac{\varepsilon/2}{\delta - (z+m)^2} & 1 \end{bmatrix} \right.$$

$$\left. - \begin{bmatrix} \dfrac{\varepsilon/2}{\delta - (z-m+1)^2} \\ \vdots \\ 0 \\ 0 \end{bmatrix} \begin{bmatrix} \dfrac{\varepsilon/2}{\delta - (z+m)^2} & 0 & \cdots & 0 \end{bmatrix} \right|$$

$$= \begin{vmatrix} 1 - \dfrac{\varepsilon/2}{\delta - (z-m+1)^2} \dfrac{\varepsilon/2}{\delta - (z-m)^2} & \dfrac{\varepsilon/2}{\delta - (z-m+1)^2} & \cdots & \cdots \\ \dfrac{\varepsilon/2}{\delta - (z-m+2)^2} & 1 & \cdots & \cdots \\ \vdots & \vdots & \ddots & \vdots \\ 0 & 0 & \dfrac{\varepsilon/2}{\delta - (z+m)^2} & 1 \end{vmatrix}$$

$$= \begin{vmatrix} B_{-m+1} & \dfrac{\varepsilon/2}{\delta - (z-m+1)^2} & \cdots & \cdots \\ \dfrac{\varepsilon/2}{\delta - (z-m+2)^2} & 1 & \cdots & \cdots \\ \vdots & \vdots & \ddots & \vdots \\ 0 & 0 & \dfrac{\varepsilon/2}{\delta - (z+m)^2} & 1 \end{vmatrix}$$

$$
= B_{-m+1} \begin{vmatrix} 1 - \dfrac{1}{B_{-m+1}} \dfrac{\varepsilon/2}{\delta-(z-m+2)^2} \dfrac{\varepsilon/2}{\delta-(z-m+1)^2} & \dfrac{\varepsilon/2}{\delta-(z-m+2)^2} & \cdots & \cdots \\ \dfrac{\varepsilon/2}{\delta-(z-m+3)^2} & 1 & \cdots & \cdots \\ \vdots & \vdots & \ddots & \vdots \\ 0 & 0 & \dfrac{\varepsilon/2}{\delta-(z+m)^2} & 1 \end{vmatrix}
$$

のように，以下順次，次数が低下し，式 (2.44) のようになる．

第3章　さまざまな近似解法

2.4 節では，マシューの方程式の特性方程式の近似的な解析解法を示したが，特性方程式の数値解法としては，式 (2.44) のような漸化式の方が便利である．これにかわる特性方程式の解法については，第 4 章で述べることとして，本章では，このような特性方程式を用いる解法とはまったく異なる，従来のさまざまな近似解法を紹介する．

3.1　リンドゥシュテット-ポアンカレの方法

マシューの方程式

$$\ddot{x} + (\delta + \varepsilon \cos \tau)x = 0 \tag{3.1}$$

を，非線形振動の近似解法の一つである**リンドゥシュテット-ポアンカレの方法** (Lindstédt-Poincaré method) で解いてみる．これは一種の摂動法で，解を周期解と仮定して，それが存在するときの δ と ε，および x と ε の関係を求めようというものである（文献 16)，21)参照)．

ε を微小と仮定し，δ と x を次のように表してみる．

$$\delta = \delta_0 + \varepsilon\delta_1 + \varepsilon^2\delta_2 + \cdots \tag{3.2}$$

$$x = x_0 + \varepsilon x_1 + \varepsilon^2 x_2 + \cdots \tag{3.3}$$

これらを式 (3.1) に代入し，ε の各次数の係数を比較すれば次式が得られる．

$$\left.\begin{aligned}
&\ddot{x}_0 + \delta_0 x_0 = 0 \\
&\ddot{x}_1 + \delta_0 x_1 = -x_0 \cos t - \delta_1 x_0 \\
&\ddot{x}_2 + \delta_0 x_2 = -x_1 \cos t - \delta_1 x_1 - \delta_2 x_0 \\
&\qquad\qquad\vdots
\end{aligned}\right\} \tag{3.4}$$

第一式の一般解は

$$x_0 = a \cos \sqrt{\delta_0}\, t + b \sin \sqrt{\delta_0}\, t \tag{3.5}$$

であるので，いま初期条件を $x_0(0)=1$，$\dot{x}_0(0)=0$ とおくと

$$x_0 = \cos\sqrt{\delta_0}\,t \tag{3.6}$$

となる．これを第二式に代入すると次式となる．

$$\begin{aligned}\ddot{x}_1 + \delta_0 x_1 &= -\cos\sqrt{\delta_0}\,t\cos t - \delta_1\cos\sqrt{\delta_0}\,t \\ &= -\frac{1}{2}\left\{\cos\left(\sqrt{\delta_0}+1\right)t + \cos\left(\sqrt{\delta_0}-1\right)t\right\} \\ &\qquad - \delta_1\cos\sqrt{\delta_0}\,t\end{aligned} \tag{3.7}$$

この強制振動の一般解は複雑であるので，まず $\delta_0=0$ の場合を考える．このとき

$$\left.\begin{aligned}&x_0 = 1 \\ &\ddot{x}_1 = -\cos t - \delta_1\end{aligned}\right\} \tag{3.8}$$

これより，$\dot{x}_1(0)=0$ として積分すれば

$$x_1 = \cos t - \frac{1}{2}\delta_1 t^2 + C$$

となる．x_1 が周期的であるためには $\delta_1=0$ でなければならない．もし，$x_1(0)=0$ とすれば $C=-1$ となる．

次に，これらを式 (3.4) の第三式に代入すると

$$\begin{aligned}\ddot{x}_2 &= -(\cos t-1)\cos t - \delta_2 \\ &= -\frac{1}{2}(\cos 2t+1) + \cos t - \delta_2\end{aligned} \tag{3.9}$$

となる．これより，$\dot{x}_2(0)=0$ として積分すれば

$$x_2 = -\frac{1}{8}\cos 2t - \frac{1}{4}t^2 - \cos t - \frac{1}{2}\delta_2 t^2 + D$$

となる．x_2 が周期的であるためには $\delta_2 = -\dfrac{1}{2}$ でなければならない．もし，$x_2(0)=0$ とすれば $D = 1-\dfrac{1}{8}$ となる．よって，次式が得られる．

$$x_2 = -\frac{1}{8}\cos 2t - \cos t + \frac{7}{8}$$

このようにして，δ と x は，ε^2 の項までとれば次式となる．

$$\left.\begin{aligned}&\delta = -\frac{1}{2}\varepsilon^2 \\ &x = 1 + \varepsilon(\cos t-1) + \varepsilon^2\left(-\frac{1}{8}\cos 2t - \cos t + \frac{7}{8}\right)\end{aligned}\right\} \tag{3.10}$$

このような周期解は周期が 2π の偶関数であるので，式 (2.18) の偶マシュー関数

に相当する（境界 $D_C = 0$ 上の解）．

次に，$\sqrt{\delta_0} = 1/2$ の場合を考える．式 (3.6)，(3.7) より次式となる．

$$\left.\begin{aligned} x_0 &= \cos\frac{1}{2}t \\ \ddot{x}_1 + \frac{1}{4}x_1 &= -\frac{1}{2}\left(\cos\frac{3}{2}t + \cos\frac{1}{2}t\right) - \delta_1\cos\frac{1}{2}t \\ &= -\frac{1}{2}\cos\frac{3}{2}t - \left(\frac{1}{2} + \delta_1\right)\cos\frac{1}{2}t \end{aligned}\right\} \tag{3.11}$$

この第二式は固有振動が 1/2 の系に，共振現象をもたらす $\cos t/2$ の強制外力が作用している形になるので x_1 が周期的であるためには（共振による**永年項**をもたないためには）$1/2 + \delta_1 = 0$ でなければならない．このとき

$$x_1 = A\cos\frac{1}{2}t + B\sin\frac{1}{2}t + \frac{1}{4}\cos\frac{3}{2}t \tag{3.12}$$

となる．初期条件を $x_1(0) = \dot{x}_1(0) = 0$ とおくと

$$A = -\frac{1}{4}, \quad B = 0$$

となり

$$x_1 = -\frac{1}{4}\left(\cos\frac{1}{2}t - \cos\frac{3}{2}t\right)$$

と決まる．これらを式 (3.4) の第三式に代入すると

$$\ddot{x}_2 + \left(\frac{1}{2}\right)^2 x_2 = -\left(\frac{1}{8} + \delta_2\right)\cos\frac{1}{2}t + \frac{1}{4}\cos\frac{3}{2}t - \frac{1}{8}\cos\frac{5}{2}t \tag{3.13}$$

となるので，x_2 が周期的になるためにはやはり $1/8 + \delta_2 = 0$ でなければならない．このとき，次式となる．

$$x_2 = A\cos\frac{1}{2}t + B\sin\frac{1}{2}t - \frac{1}{8}\cos\frac{3}{2}t + \frac{1}{48}\cos\frac{5}{2}t \tag{3.14}$$

初期条件を $x_2(0) = \dot{x}_2(0) = 0$ とおけば

$$A = \frac{5}{48}, \quad B = 0$$

となり，

$$x_2 = \frac{5}{48}\cos\frac{1}{2}t - \frac{1}{8}\cos\frac{3}{2}t + \frac{1}{48}\cos\frac{5}{2}t$$

と決まる．このようにして ε^2 の項までとれば

$$\left.\begin{aligned}\delta &= \frac{1}{4} - \frac{1}{2}\varepsilon - \frac{1}{8}\varepsilon^2 \\ x &= \cos\frac{1}{2}t - \frac{\varepsilon}{4}\left(\cos\frac{1}{2}t + \cos\frac{3}{2}t\right) \\ &\quad + \frac{\varepsilon^2}{48}\left(5\cos\frac{1}{2}t - 6\cos\frac{3}{2}t + \cos\frac{5}{2}t\right)\end{aligned}\right\} \tag{3.15}$$

が得られる．これは周期が 4π の偶関数であるので式 (2.22) に対応している（境界 $\Delta_C = 0$ 上の解）．

次に，$\sqrt{\delta_0} = 1$ の場合，式 (3.7) は

$$\ddot{x}_1 + x_1 = -\frac{1}{2}(1 + \cos 2t) - \delta_1 \cos t \tag{3.16}$$

x_1 が周期的であるためには $\delta_1 = 0$ でなければならない．このとき

$$x_1 = -\frac{1}{2} + \frac{1}{6}\cos 2t + A\cos t + B\sin t \tag{3.17}$$

となる．初期条件を $x_1(0) = \dot{x}_1(0) = 0$ とおけば，

$$A = \frac{1}{3}, \quad B = 0$$

となり，

$$x_1 = -\frac{1}{2} + \frac{1}{3}\cos t + \frac{1}{6}\cos 2t$$

と決まる．これを式 (3.4) の第三式に代入すれば

$$\begin{aligned}\ddot{x}_2 + x_2 &= -\left(-\frac{1}{2} + \frac{1}{3}\cos t + \frac{1}{6}\cos 2t\right)\cos t - \delta_2 \cos t \\ &= -\frac{1}{6} + \left(\frac{5}{12} - \delta_2\right)\cos t - \frac{1}{6}\cos 2t - \frac{1}{12}\cos 3t\end{aligned} \tag{3.18}$$

となり，x_2 が周期的であるためには $\delta_2 = 5/12$ でなければならず，解は

$$x_2 = A\cos t + B\sin t - \frac{1}{6} + \frac{1}{18}\cos 2t + \frac{1}{96}\cos 3t \tag{3.19}$$

となる．初期条件を $x_2(0) = \dot{x}_2(0) = 0$ とおけば

$$A = \frac{87}{864}, \quad B = 0$$

と決まる．こうして ε^2 の項までとれば境界は

$$\delta = 1 + \frac{5}{12}\varepsilon^2 \tag{3.20}$$

で与えられる．この境界もまた，$D_C = 0$ に対応している．

$\sqrt{\delta_0} = 3/2$ の場合，式 (3.7) は

$$\ddot{x}_1 + \left(\frac{3}{2}\right)^2 x_1 = -\frac{1}{2}\left(\cos\frac{5}{2}t + \cos\frac{1}{2}t\right) - \delta_1 \cos\frac{3}{2}t \tag{3.21}$$

となり，永年項がないためには，やはり $\delta_1 = 0$ でなければならない．このとき

$$x_1 = \frac{1}{8}\cos\frac{5}{2}t - \frac{1}{4}\cos\frac{1}{2}t + A\cos\frac{3}{2}t + B\sin\frac{3}{2}t \tag{3.22}$$

となる．初期条件を $x_1(0) = \dot{x}_1(0) = 0$ とおけば，

$$A = \frac{1}{8}, \quad B = 0$$

となり，

$$\begin{aligned}\ddot{x}_2 + \left(\frac{3}{2}\right)^2 x_2 &= -\left(\frac{1}{8}\cos\frac{5}{2}t - \frac{1}{4}\cos\frac{1}{2}t + \frac{1}{8}\cos\frac{3}{2}t\right)\cos t - \delta_2\cos\frac{3}{2}t \\ &= \frac{1}{16}\cos\frac{1}{2}t + \left(\frac{1}{16} - \delta_2\right)\cos\frac{3}{2}t - \frac{1}{16}\cos\frac{5}{2}t - \frac{1}{16}\cos\frac{7}{2}t\end{aligned} \tag{3.23}$$

が得られる．これより $\delta_2 = 1/16$ となって，ε^2 の項までとれば境界は

$$\delta = \left(\frac{3}{2}\right)^2 + \frac{1}{16}\varepsilon^2 \tag{3.24}$$

と決まる．これは境界 $\Delta_C = 0$ に対応している．

以上はいずれも初期条件を

$$x_0(0) = 1, \quad \dot{x}_0(0) = 0, \quad x_i(0) = \dot{x}_i(0) = 0 \qquad (i \geqq 1)$$

とおいた場合の結果で，偶マシュー関数に対応している．

今度は，初期条件を

$$x_0(0) = 0, \quad \dot{x}_0(0) = 1, \quad x_i(0) = \dot{x}_i(0) = 0 \qquad (i \geqq 1)$$

とおいてみる．そうすると，sine の奇マシュー関数に対応した境界が得られる．

式 (3.5) より，$b = 1/\sqrt{\delta_0}$ となるので

$$x_0 = \frac{\sin\sqrt{\delta_0}\,t}{\sqrt{\delta_0}} \tag{3.25}$$

が得られ，式 (3.4) の第二式は次のようになる．

$$\ddot{x}_1 + \delta_0 x_1 = -\frac{1}{2\sqrt{\delta_0}}\left\{\sin(\sqrt{\delta_0}+1)t + \sin(\sqrt{\delta_0}-1)t\right\} - \frac{\delta_1 \sin\sqrt{\delta_0}\,t}{\sqrt{\delta_0}} \tag{3.26}$$

まず，$\sqrt{\delta_0} = 1/2$ の場合，式 (3.26) は

$$\ddot{x}_1 + \left(\frac{1}{2}\right)^2 x_1 = (1 - 2\delta_1)\sin\frac{1}{2}t - \sin\frac{3}{2}t \tag{3.27}$$

となり，これより周期解をもつために $\delta_1 = 1/2$ となって

$$x_1 = \frac{1}{2}\sin\frac{3}{2}t + A\cos\frac{1}{2}t + B\sin\frac{1}{2}t \tag{3.28}$$

が得られる．初期条件により

$$A = 0, \quad B = -\frac{3}{2}$$

となり，

$$x_1 = \frac{1}{2}\sin\frac{3}{2}t - \frac{3}{2}\sin\frac{1}{2}t$$

となる．すると，式 (3.4) の第三式は

$$\begin{aligned}\ddot{x}_2 + \left(\frac{1}{2}\right)^2 x_2 &= -\left(-\frac{3}{2}\sin\frac{1}{2}t + \frac{1}{2}\sin\frac{3}{2}t\right)\left(\cos t + \frac{1}{2}\right) - 2\delta_2\sin\frac{1}{2}t \\ &= -\left(\frac{1}{4} + 2\delta_2\right)\sin\frac{1}{2}t + \frac{1}{2}\sin\frac{3}{2}t - \frac{1}{4}\sin\frac{5}{2}t\end{aligned} \tag{3.29}$$

のようになる．これより，$\delta_2 = -1/8$ が得られて，ε^2 の項まで考慮すれば，

$$\delta = \frac{1}{4} + \frac{1}{2}\varepsilon - \frac{1}{8}\varepsilon^2 \tag{3.30}$$

が得られる．これは境界 $\Delta_S = 0$ に対応している．

$\sqrt{\delta_0} = 1$ の場合，

$$\ddot{x}_1 + x_1 = -\frac{1}{2}\sin 2t - \delta_1 \sin t \tag{3.31}$$

となり，これより $\delta_1 = 0$ が得られ，一般解は

$$x_1 = \frac{1}{6}\sin 2t + A\cos t + B\sin t \tag{3.32}$$

となる．初期条件により，$A = 0$，$B = -1/3$ となるので，次式となる．

$$x_1 = \frac{1}{6}\sin 2t - \frac{1}{3}\sin t$$

すると

$$\begin{aligned}\ddot{x}_2 + x_2 &= -\left(-\frac{1}{3}\sin t + \frac{1}{6}\sin 2t\right)\cos t - \delta_2 \sin t \\ &= -\left(\frac{1}{12} + \delta_2\right)\sin t + \frac{1}{6}\sin 2t - \frac{1}{12}\sin 3t\end{aligned} \tag{3.33}$$

となり，これより $\delta_2 = -1/12$ が得られ，ε^2 の項まで考慮すれば，

$$\delta = 1 - \frac{1}{12}\varepsilon^2 \tag{3.34}$$

が得られる．これは境界 $D_S = 0$ に対応している．

$\sqrt{\delta_0} = 3/2$ の場合，

$$\ddot{x}_1 + \left(\frac{3}{2}\right)^2 x_1 = -\frac{1}{3}\left(\sin\frac{5}{2}t + \sin\frac{1}{2}t\right) - \frac{3}{2}\delta_1 \sin\frac{3}{2}t \tag{3.35}$$

となり，やはり $\delta_1 = 0$ でなければならない．このとき

$$x_1 = \frac{1}{12}\sin\frac{5}{2}t - \frac{1}{6}\sin\frac{1}{2}t + A\cos\frac{3}{2}t + B\sin\frac{3}{2}t \tag{3.36}$$

となる．初期条件により，$A = 0$，$B = -1/12$ となり，

$$x_1 = -\frac{1}{6}\sin\frac{1}{2}t - \frac{1}{12}\sin\frac{3}{2}t + \frac{1}{12}\sin\frac{5}{2}t$$

となる．すると

$$\begin{aligned}\ddot{x}_2 + \left(\frac{3}{2}\right)^2 x_2 &= -\left(-\frac{1}{6}\sin\frac{1}{2}t - \frac{1}{12}\sin\frac{3}{2}t + \frac{1}{12}\sin\frac{5}{2}t\right)\cos t - \delta_2\frac{2}{3}\sin\frac{3}{2}t \\ &= -\frac{1}{24}\sin\frac{1}{2}t + \left(\frac{1}{24} - \frac{2}{3}\delta_2\right)\sin\frac{3}{2}t + \frac{1}{24}\sin\frac{5}{2}t - \frac{1}{24}\cos\frac{7}{2}t\end{aligned} \tag{3.37}$$

が得られる．これより $\delta_2 = 1/16$ となって，ε^2 の項までとれば境界は

$$\delta = \left(\frac{3}{2}\right)^2 + \frac{1}{16}\varepsilon^2 \tag{3.38}$$

と決まる．これは境界 $\Delta_S = 0$ に対応するが，式 (3.24) と一致している．したがって，$\delta_0 = (3/2)^2$ の近傍には，ε^2 までの近似では不安定領域は存在しない．

以上のようにして求めた境界をまとめて表 3.1 および図 3.1 に示す．

表 3.1 不安定領域の境界のまとめ

初期条件	$x_0(0) = 1,\ \dot{x}_0(0) = 0$		$x_0(0) = 0,\ \dot{x}_0(0) = 1$	
$\delta_0 = 0$	$\delta = -\frac{1}{2}\varepsilon^2$	$D_C = 0$	………………………………	
$\delta_0 = \left(\frac{1}{2}\right)^2$	$\delta = \frac{1}{4} - \frac{1}{2}\varepsilon - \frac{1}{8}\varepsilon^2$	$\Delta_C = 0$	$\delta = \frac{1}{4} + \frac{1}{2}\varepsilon - \frac{1}{8}\varepsilon^2$	$\Delta_S = 0$
$\delta_0 = 1$	$\delta = 1 + \frac{5}{12}\varepsilon^2$	$D_C = 0$	$\delta = 1 - \frac{1}{12}\varepsilon^2$	$D_S = 0$
$\delta_0 = \left(\frac{3}{2}\right)^2$	$\delta = \left(\frac{3}{2}\right)^2 + \frac{1}{16}\varepsilon^2$	$\Delta_C = 0$	$\delta = \left(\frac{3}{2}\right)^2 + \frac{1}{16}\varepsilon^2$	$\Delta_S = 0$

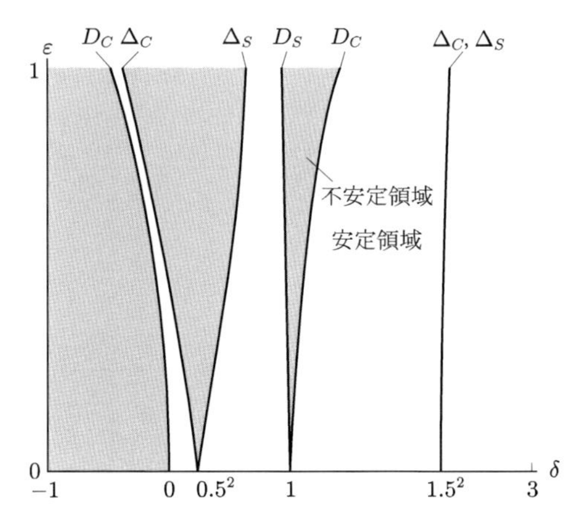

図 3.1　不安定領域の境界の近似解

3.2　多重尺度の方法

多重尺度法 (method of multiple scales または method of multi-time expansion) では，マシューの方程式の解を次のように表す（文献 17)，20)参照）.

$$x = x_0(T_0, T_1, T_2) + \varepsilon x_1(T_0, T_1, T_2) + \varepsilon^2 x_2(T_0, T_1, T_2) \tag{3.39}$$

ここに，$T_n = \varepsilon^n t$ である．これを式 (3.1) に代入する．

$$\frac{d}{dt} = \frac{\partial}{\partial T_0} + \varepsilon \frac{\partial}{\partial T_1} + \varepsilon^2 \frac{\partial}{\partial T_2}$$
$$\frac{d^2}{dt^2} = \frac{\partial^2}{\partial {T_0}^2} + 2\varepsilon \frac{\partial^2}{\partial T_0 \partial T_1} + \varepsilon^2 \left(\frac{\partial^2}{\partial {T_1}^2} + 2 \frac{\partial^2}{\partial T_0 \partial T_2} \right) + \cdots$$

であるので，ε^0 の項は

$$\frac{\partial^2 x_0}{\partial {T_0}^2} + \delta x_0 = 0 \tag{3.40}$$

ε^1 の項は

$$\frac{\partial^2 x_1}{\partial {T_0}^2} + \delta x_1 = -2 \frac{\partial^2 x_0}{\partial T_0 \partial T_1} - x_0 \cos T_0 \tag{3.41}$$

ε^2 の項は

$$\frac{\partial^2 x_2}{\partial {T_0}^2} + \delta x_2 = -2 \frac{\partial^2 x_1}{\partial T_0 \partial T_1} - \left(\frac{\partial^2 x_0}{\partial {T_1}^2} + 2 \frac{\partial^2 x_0}{\partial T_0 \partial T_2} \right) - x_1 \cos T_0 \tag{3.42}$$

となる．式 (3.40) の一般解は

$$x_0 = A\cos\sqrt{\delta}\,T_0 + B\sin\sqrt{\delta}\,T_0$$

（A，B は T_0 の関数ではない）であるので，

$$\begin{aligned}\frac{\partial^2 x_0}{\partial T_0 \partial T_1} &= \frac{\partial}{\partial T_1}\left(-\sqrt{\delta}\,A\sin\sqrt{\delta}\,T_0 + \sqrt{\delta}\,B\cos\sqrt{\delta}\,T_0\right)\\ &= -\sqrt{\delta}\,\frac{\partial A}{\partial T_1}\sin\sqrt{\delta}\,T_0 + \sqrt{\delta}\,\frac{\partial B}{\partial T_1}\cos\sqrt{\delta}\,T_0\end{aligned}$$

となり，式 (3.41) は

$$\begin{aligned}\frac{\partial^2 x_1}{\partial {T_0}^2} + \delta x_1 = &-2\left(-\sqrt{\delta}\,\frac{\partial A}{\partial T_1}\sin\sqrt{\delta}\,T_0 + \sqrt{\delta}\,\frac{\partial B}{\partial T_1}\cos\sqrt{\delta}\,T_0\right)\\ &-\frac{A}{2}\left\{\cos(\sqrt{\delta}+1)T_0 + \cos(\sqrt{\delta}-1)T_0\right\}\\ &-\frac{B}{2}\left\{\sin(\sqrt{\delta}+1)T_0 + \sin(\sqrt{\delta}-1)T_0\right\}\end{aligned} \tag{3.43}$$

となる．式 (3.43) が永年項をもたないためには，右辺に振動数が $\sqrt{\delta}$ である項があってはならない．$\sqrt{\delta} = 1/2$ なら $A = B = 0$ となるので，振動するためには $\sqrt{\delta} \neq 1/2$ とする．すると

$$\frac{\partial A}{\partial T_1} = \frac{\partial B}{\partial T_1} = 0 \tag{3.44}$$

でなければならず，したがって，A，B は T_1 の関数でもない．こうして，A，B は T_2 のみの関数となる．

このとき，式 (3.43) の特殊解は

$$\begin{aligned}x_1 = &-\frac{1}{2}\frac{1}{\delta-(\sqrt{\delta}+1)^2}\left\{A\cos(\sqrt{\delta}+1)T_0 + B\sin(\sqrt{\delta}+1)T_0\right\}\\ &-\frac{1}{2}\frac{1}{\delta-(\sqrt{\delta}-1)^2}\left\{A\cos(\sqrt{\delta}-1)T_0 + B\sin(\sqrt{\delta}-1)T_0\right\}\end{aligned} \tag{3.45}$$

となる．すると

$$\frac{\partial^2 x_1}{\partial T_0 \partial T_1} = 0, \quad \frac{\partial^2 x_0}{\partial {T_1}^2} = 0$$

$$\frac{\partial^2 x_0}{\partial T_0 \partial T_2} = -\sqrt{\delta}\,\frac{\partial A}{\partial T_2}\sin\sqrt{\delta}\,T_0 + \sqrt{\delta}\,\frac{\partial B}{\partial T_2}\cos\sqrt{\delta}\,T_0$$

により，式 (3.42) は

$$
\begin{aligned}
&\frac{\partial^2 x_2}{\partial {T_0}^2} + \delta x_2 \\
&= \sin\sqrt{\delta}\,T_0\left\{2\sqrt{\delta}\,\frac{\partial A}{\partial T_2} + \frac{B}{4}\frac{1}{\delta-(\sqrt{\delta}+1)^2} + \frac{B}{4}\frac{1}{\delta-(\sqrt{\delta}-1)^2}\right\} \\
&\quad + \cos\sqrt{\delta}\,T_0\left\{-2\sqrt{\delta}\,\frac{\partial B}{\partial T_2} + \frac{A}{4}\frac{1}{\delta-(\sqrt{\delta}+1)^2} + \frac{A}{4}\frac{1}{\delta-(\sqrt{\delta}-1)^2}\right\} \\
&\quad + \frac{1}{4}\frac{1}{\delta-(\sqrt{\delta}+1)^2}\left\{A\cos(\sqrt{\delta}+2)T_0 + B\sin(\sqrt{\delta}+2)T_0\right\} \\
&\quad + \frac{1}{4}\frac{1}{\delta-(\sqrt{\delta}-1)^2}\left\{A\cos(\sqrt{\delta}-2)T_0 + B\sin(\sqrt{\delta}-2)T_0\right\}
\end{aligned}
\tag{3.46}
$$

となる．これが永年項をもたないためには，右辺の第1項および第2項の $\{\ \}$ 内は0でなければならないし，また，$\delta \neq 1$ でなければならない．こうして二つの $\{\ \} = 0$ なる式を整理して

$$
\begin{aligned}
&\frac{\partial^2 A}{\partial {T_2}^2} + \frac{1}{8\sqrt{\delta}}\left\{\frac{1}{\delta-(\sqrt{\delta}+1)^2} + \frac{1}{\delta-(\sqrt{\delta}-1)^2}\right\}\frac{\partial B}{\partial T_2} \\
&= \frac{\partial^2 A}{\partial {T_2}^2} + \left(\frac{1}{8\sqrt{\delta}}\right)^2\left\{\frac{1}{\delta-(\sqrt{\delta}+1)^2} + \frac{1}{\delta-(\sqrt{\delta}-1)^2}\right\}^2 A \\
&= 0
\end{aligned}
\tag{3.47}
$$

を得る．式 (3.47) の一般解は次のようになる．

$$
\left.
\begin{aligned}
A &= C\cos\Omega T_2 + D\sin\Omega T_2 \\
B &= C\sin\Omega T_2 - D\cos\Omega T_2
\end{aligned}
\right\}
\tag{3.48}
$$

$$
\Omega = \frac{1}{8\sqrt{\delta}}\left\{\frac{1}{\delta-(\sqrt{\delta}+1)^2} + \frac{1}{\delta-(\sqrt{\delta}-1)^2}\right\}
$$

これを式 (3.45) に代入すれば x_1 が決まり，x を ε の一次の項までで近似した $x = x_0 + \varepsilon x_1$ が決まる．ただし，係数 C，D は初期条件で定まる．

以上のように，$\sqrt{\delta} \neq 1/2, 1$ の場合には解が定まる．

次に $\delta \fallingdotseq 1$ の場合を考える．このとき，式 (3.46) の最後の項も共振外力の項となる．そこで

$$
\sqrt{\delta} = 1 - \varepsilon^2\sigma \tag{3.49}
$$

とおくと

$$
(\sqrt{\delta} - 2)T_0 = -(\sqrt{\delta} + 2\varepsilon^2\sigma)T_0
$$

$$= -(\sqrt{\delta}\,T_0 + 2\sigma T_2) \tag{3.50}$$

となり，

$$\begin{aligned} &A\cos(\sqrt{\delta}-2)T_0 + B\sin(\sqrt{\delta}-2)T_0 \\ &= A(\cos\sqrt{\delta}\,T_0\cos 2\sigma T_2 - \sin\sqrt{\delta}\,T_0 \sin 2\sigma T_2) \\ &\quad - B(\sin\sqrt{\delta}\,T_0\cos 2\sigma T_2 + \cos\sqrt{\delta}\,T_0\sin 2\sigma T_2) \end{aligned}$$

となるので，式 (3.46) が永年項をもたないためには，$\cos\sqrt{\delta}\,T_0$ と $\sin\sqrt{\delta}\,T_0$ の係数が 0 でなければならない．すなわち

$$\begin{aligned} &-2\sqrt{\delta}\,\frac{\partial B}{\partial T_2} + \frac{1}{4}\left\{\frac{1}{\delta-(\sqrt{\delta}+1)^2} + \frac{1}{\delta-(\sqrt{\delta}-1)^2}\right\}A \\ &\quad + \frac{1}{4}\frac{1}{\delta-(\sqrt{\delta}-1)^2}(A\cos 2\sigma T_2 + B\sin 2\sigma T_2) = 0 \end{aligned} \tag{3.51}$$

$$\begin{aligned} &2\sqrt{\delta}\,\frac{\partial A}{\partial T_2} + \frac{1}{4}\left\{\frac{1}{\delta-(\sqrt{\delta}+1)^2} + \frac{1}{\delta-(\sqrt{\delta}-1)^2}\right\}B \\ &\quad - \frac{1}{4}\frac{1}{\delta-(\sqrt{\delta}-1)^2}(A\sin 2\sigma T_2 + B\cos 2\sigma T_2) = 0 \end{aligned} \tag{3.52}$$

でなければならない．これらの式は，$A + jB = A_0$ とおくことにより

$$\begin{aligned} &j2\sqrt{\delta}\,\frac{\partial A_0}{\partial T_2} + \frac{1}{4}\left\{\frac{1}{\delta-(\sqrt{\delta}+1)^2} + \frac{1}{\delta-(\sqrt{\delta}-1)^2}\right\}A_0 \\ &\quad - \frac{1}{4}\frac{1}{\delta-(\sqrt{\delta}-1)^2}\overline{A}_0 e^{-j2\sigma T_2} = 0 \end{aligned} \tag{3.53}$$

のようにまとめられる．ただし，$\overline{A}_0$ は A_0 の共役である．さらに全体に $e^{j\sigma T_2}$ をかけ，$A_0 e^{j\sigma T_2} = B_0$ とおくと，

$$\frac{\partial A_0}{\partial T_2}e^{j\sigma T_2} = \frac{d}{dT_2}(A_0 e^{j\sigma T_2}) - j\sigma A_0 e^{j\sigma T_2}$$

であるので，式 (3.53) は

$$j2\sqrt{\delta}\left(\frac{dB_0}{dT_2} - j\sigma B_0\right) + \frac{1}{2}\frac{B_0}{4\delta-1} + \frac{1}{4}\frac{\overline{B}_0}{2\sqrt{\delta}-1} = 0 \tag{3.54}$$

となる．ただし，$\overline{B}_0$ は B_0 の共役である．

次に，$B_0 = B_r + jB_i$（B_r は実部，B_i は虚部）とおいて式 (3.54) を書きなおすと

$$\left.\begin{aligned}
&-2\sqrt{\delta}\,\frac{dB_i}{dT_2}+2\sqrt{\delta}\,\sigma B_r+\frac{1}{2}\frac{B_r}{4\delta-1}+\frac{1}{4}\frac{\overline{B}_r}{2\sqrt{\delta}-1}=0\\
&2\sqrt{\delta}\,\frac{dB_r}{dT_2}+2\sqrt{\delta}\,\sigma B_i+\frac{1}{2}\frac{B_i}{4\delta-1}-\frac{1}{4}\frac{\overline{B}_i}{2\sqrt{\delta}-1}=0
\end{aligned}\right\} \tag{3.55}$$

あるいは

$$\left.\begin{aligned}
&\frac{dB_i}{dT_2}-\left\{\sigma+\frac{2+(2\sqrt{\delta}+1)}{2\sqrt{\delta}\,4(4\delta-1)}\right\}B_r=0\\
&\frac{dB_r}{dT_2}+\left\{\sigma+\frac{2-(2\sqrt{\delta}+1)}{2\sqrt{\delta}\,4(4\delta-1)}\right\}B_i=0
\end{aligned}\right\} \tag{3.56}$$

のようになる．これらより B_i を消去すれば

$$\frac{d^2B_r}{dT_2{}^2}+\left[\left\{\sigma+\frac{2}{2\sqrt{\delta}\,4(4\delta-1)}\right\}^2-\left\{\frac{2\sqrt{\delta}+1}{2\sqrt{\delta}\,4(4\delta-1)}\right\}^2\right]B_r=0 \tag{3.57}$$

が得られる．この式の解が安定である（発散しないで振動する）ためには，B_r の係数が正でなければならない．すなわち

$$\left\{\sigma+\frac{2}{2\sqrt{\delta}\,4(4\delta-1)}\right\}^2>\left\{\frac{2\sqrt{\delta}+1}{2\sqrt{\delta}\,4(4\delta-1)}\right\}^2$$

でなければならない．よって，次式となる．

$$\sigma>\frac{2\sqrt{\delta}-1}{2\sqrt{\delta}\,4(4\delta-1)},\quad \sigma<-\frac{2\sqrt{\delta}+3}{2\sqrt{\delta}\,4(4\delta-1)} \tag{3.58}$$

仮定 $\sqrt{\delta}\fallingdotseq 1$ により

$$\sigma>\frac{1}{24},\quad \sigma<-\frac{5}{24} \tag{3.59}$$

となる．よって，安定・不安定の境界は，式 (3.49) により次のようになる．

$$\sqrt{\delta}\fallingdotseq 1-\frac{\varepsilon^2}{24},\quad \sqrt{\delta}\fallingdotseq 1+\frac{5\varepsilon^2}{24}$$

あるいは

$$\delta\fallingdotseq 1-\frac{\varepsilon^2}{12}(D_S=0),\quad \delta\fallingdotseq 1+\frac{5\varepsilon^2}{12}(D_C=0) \tag{3.60}$$

次に，式 (3.43) において $\sqrt{\delta}\fallingdotseq 1/2$ の場合を考える．

$$\sqrt{\delta}=\frac{1}{2}-\varepsilon\sigma \tag{3.61}$$

によって新しいパラメータ σ を導入すると

$$(\sqrt{\delta}-1)T_0 = -\left\{\sqrt{\delta}-2(\sqrt{\delta}+\varepsilon\sigma)\right\}T_0$$
$$= -(\sqrt{\delta}\,T_0 + 2\sigma T_1) \tag{3.62}$$

とおけるので，式 (3.43) の右辺の振動数 $\sqrt{\delta}$ をもつ項は次のようになる．

$$\sin\sqrt{\delta}\,T_0\left(2\sqrt{\delta}\,\frac{\partial A}{\partial T_1}+\frac{A}{2}\sin 2\sigma T_1+\frac{B}{2}\cos 2\sigma T_1\right)$$
$$+\cos\sqrt{\delta}\,T_0\left(-2\sqrt{\delta}\,\frac{\partial B}{\partial T_1}-\frac{A}{2}\cos 2\sigma T_1+\frac{B}{2}\sin 2\sigma T_1\right)$$

したがって，永年項をもたないためには

$$2\sqrt{\delta}\,\frac{\partial A}{\partial T_1}+\frac{A}{2}\sin 2\sigma T_1+\frac{B}{2}\cos 2\sigma T_1 = 0 \tag{3.63}$$

$$-2\sqrt{\delta}\,\frac{\partial B}{\partial T_1}-\frac{A}{2}\cos 2\sigma T_1+\frac{B}{2}\sin 2\sigma T_1 = 0 \tag{3.64}$$

でなければならない．このとき式 (3.43) は

$$\frac{\partial^2 x_1}{\partial {T_0}^2}+\delta x_1 = -\frac{A}{2}\cos(\sqrt{\delta}+1)T_0-\frac{B}{2}\sin(\sqrt{\delta}+1)T_0 \tag{3.65}$$

となり，特殊解は

$$x_1 = -\frac{1}{2}\frac{1}{\delta-(\sqrt{\delta}+1)^2}\left\{A\cos(\sqrt{\delta}+1)T_0+B\sin(\sqrt{\delta}+1)T_0\right\} \tag{3.66}$$

のようになる．この右辺は，式 (3.45) の右辺第 1 項に等しい．今の場合は，A，B は T_1 の関数にもなるので

$$\frac{\partial^2 x_1}{\partial T_0\partial T_1} = \frac{1}{2}\frac{\sqrt{\delta}+1}{\delta-(\sqrt{\delta}+1)^2}\left\{\frac{\partial A}{\partial T_1}\sin(\sqrt{\delta}+1)T_0-\frac{\partial B}{\partial T_1}\cos(\sqrt{\delta}+1)T_0\right\}$$

となり，式 (3.42) は次のようになる．

$$\frac{\partial^2 x_2}{\partial {T_0}^2}+\delta x_2$$
$$= 2\sqrt{\delta}\left(\frac{\partial A}{\partial T_2}\sin\sqrt{\delta}\,T_0-\frac{\partial B}{\partial T_2}\cos\sqrt{\delta}\,T_0\right)$$
$$+\frac{1}{4}\frac{1}{\delta-(\sqrt{\delta}+1)^2}\Big[A\left\{\cos(\sqrt{\delta}+2)T_0+\cos\sqrt{\delta}\,T_0\right\}$$
$$+B\left\{\sin(\sqrt{\delta}+2)T_0+\sin\sqrt{\delta}\,T_0\right\}\Big]$$

$$
-\frac{\sqrt{\delta}+1}{\delta-(\sqrt{\delta}+1)^2}\left\{\frac{\partial A}{\partial T_1}\sin(\sqrt{\delta}+1)T_0-\frac{\partial B}{\partial T_1}\cos(\sqrt{\delta}+1)T_0\right\}
$$

$$
-\frac{\partial^2 A}{\partial {T_1}^1}\cos\sqrt{\delta}\,T_0-\frac{\partial^2 B}{\partial {T_1}^2}\sin\sqrt{\delta}\,T_0 \tag{3.67}
$$

この解が永年項をもたないためには

$$
2\sqrt{\delta}\,\frac{\partial A}{\partial T_2}+\frac{1}{4}\frac{1}{\delta-(\sqrt{\delta}+1)^2}B-\frac{\partial^2 B}{\partial {T_1}^2}=0 \tag{3.68}
$$

$$
-2\sqrt{\delta}\,\frac{\partial B}{\partial T_2}+\frac{1}{4}\frac{1}{\delta-(\sqrt{\delta}+1)^2}A-\frac{\partial^2 A}{\partial {T_1}^2}=0 \tag{3.69}
$$

でなければならない．結局，A，B に関する方程式は式 (3.63)，(3.64)，(3.68) および式 (3.69) となる．

$A+jB=A_0$ とおけば，式 (3.63)，(3.64) は

$$
2\sqrt{\delta}\,\frac{\partial A_0}{\partial T_1}+\frac{1}{2}\overline{A}_0e^{-j2\sigma T_1}=0 \tag{3.70}
$$

となり，式 (3.68)，(3.69) は

$$
\frac{\partial^2 A_0}{\partial {T_1}^2}=j2\sqrt{\delta}\,\frac{\partial A_0}{\partial T_2}+\frac{1}{4}\frac{1}{\delta-(\sqrt{\delta}+1)^2}A_0 \tag{3.71}
$$

となる．

式 (3.70) より

$$
\frac{\partial^2 A_0}{\partial {T_1}^2}=\frac{A_0}{16\delta}-\frac{\sigma}{2\sqrt{\delta}}\overline{A}_0e^{-j2\sigma T_1}
$$

が得られるので，これを式 (3.71) と等置すれば，次式となる．

$$
\begin{aligned}
j2\sqrt{\delta}\,\frac{\partial A_0}{\partial T_2}&=\frac{A_0}{16\delta}-\frac{\sigma}{2\sqrt{\delta}}\overline{A}_0e^{-j2\sigma T_1}-\frac{1}{4}\frac{1}{\delta-(\sqrt{\delta}+1)^2}A_0\\
&=\frac{1}{4}\left\{\frac{1}{4\delta}-\frac{1}{\delta-(\sqrt{\delta}+1)^2}\right\}A_0-\frac{\sigma}{2\sqrt{\delta}}\overline{A}_0e^{-j2\sigma T_1}
\end{aligned} \tag{3.72}
$$

ところで，最初の定義によって

$$
\begin{aligned}
\frac{dA_0}{dt}&=\frac{\partial A_0}{\partial T_0}+\varepsilon\frac{\partial A_0}{\partial T_1}+\varepsilon^2\frac{\partial A_0}{\partial T_2}\\
&=\varepsilon\frac{\partial A_0}{\partial T_1}+\varepsilon^2\frac{\partial A_0}{\partial T_2}
\end{aligned}
$$

であるので，式 (3.70) と式 (3.72) を代入すると

$$
j2\sqrt{\delta}\,\frac{\partial A_0}{\partial T_2}=\frac{\varepsilon}{2}\left(1-\frac{\varepsilon\sigma}{\sqrt{\delta}}\right)\overline{A}_0e^{-j2\sigma T_1}+\frac{\varepsilon^2}{4}\left\{\frac{1}{4\delta}-\frac{1}{\delta-(\sqrt{\delta}+1)^2}\right\}A_0
$$

$$= \frac{\varepsilon}{2}\left(1 - \frac{\varepsilon\sigma}{\sqrt{\delta}}\right)\overline{A}_0 e^{-j2\sigma\varepsilon t} + \frac{\varepsilon^2}{4}\left\{\frac{1}{4\delta} - \frac{1}{\delta - (\sqrt{\delta}+1)^2}\right\}A_0 \tag{3.73}$$

となる．式 (3.53) の場合と同様にして，両辺に $e^{j\sigma\varepsilon t}$ をかけ，$A_0 e^{j\sigma\varepsilon t} = B_0$ とおけば，

$$j2\sqrt{\delta}\left(\frac{dB_0}{dt} - j\sigma\varepsilon B_0\right) = \frac{\varepsilon}{2}\left(1 - \frac{\varepsilon\sigma}{\sqrt{\delta}}\right)\overline{B}_0 + \frac{\varepsilon^2}{4}\left\{\frac{1}{4\delta} - \frac{1}{\delta - (\sqrt{\delta}+1)^2}\right\}B_0 \tag{3.74}$$

となり，$B_0 = B_r + jB_i$（B_r は実部，B_i は虚部）とおくことによって

$$\left.\begin{aligned} &-2\sqrt{\delta}\left(\frac{dB_i}{dt} - \sigma\varepsilon B_r\right) \\ &= \frac{\varepsilon}{2}\left(1 - \frac{\varepsilon\sigma}{\sqrt{\delta}}\right)B_r + \frac{\varepsilon^2}{4}\left\{\frac{1}{4\delta} - \frac{1}{\delta - (\sqrt{\delta}+1)^2}\right\}B_r \\ &2\sqrt{\delta}\left(\frac{dB_r}{dt} + \sigma\varepsilon B_i\right) \\ &= -\frac{\varepsilon}{2}\left(1 - \frac{\varepsilon\sigma}{\sqrt{\delta}}\right)B_i + \frac{\varepsilon^2}{4}\left\{\frac{1}{4\delta} - \frac{1}{\delta - (\sqrt{\delta}+1)^2}\right\}B_i \end{aligned}\right\} \tag{3.75}$$

あるいは

$$\left.\begin{aligned} &\frac{dB_i}{dt} + \frac{1}{2\sqrt{\delta}}\left[-2\sqrt{\delta}\,\sigma\varepsilon + \frac{\varepsilon}{2}\left(1 - \frac{\varepsilon\sigma}{\sqrt{\delta}}\right)\right. \\ &\qquad\left. + \frac{\varepsilon^2}{4}\left\{\frac{1}{4\delta} - \frac{1}{\delta - (\sqrt{\delta}+1)^2}\right\}\right]B_r = 0 \\ &\frac{dB_r}{dt} + \frac{1}{2\sqrt{\delta}}\left[2\sqrt{\delta}\,\sigma\varepsilon + \frac{\varepsilon}{2}\left(1 - \frac{\varepsilon\sigma}{\sqrt{\delta}}\right)\right. \\ &\qquad\left. - \frac{\varepsilon^2}{4}\left\{\frac{1}{4\delta} - \frac{1}{\delta - (\sqrt{\delta}+1)^2}\right\}\right]B_i = 0 \end{aligned}\right\} \tag{3.76}$$

が得られる．これらより B_r または B_i を消去すると

$$\frac{d^2B_r}{dt^2} + \frac{1}{4\delta}\left[\left\{2\sqrt{\delta}\sigma\varepsilon - \frac{\varepsilon^2}{4}\left(\frac{1}{4\delta} + \frac{1}{2\sqrt{\delta}+1}\right)\right\}^2 - \frac{\varepsilon^2}{4}\left(1 - \frac{\varepsilon\sigma}{\sqrt{\delta}}\right)^2\right]B_r = 0 \tag{3.77}$$

となるので，解が発散しないで振動するためには

$$\left\{2\sqrt{\delta}\,\sigma\varepsilon - \frac{\varepsilon^2}{4}\left(\frac{1}{4\delta} + \frac{1}{2\sqrt{\delta}+1}\right)\right\}^2 > \frac{\varepsilon^2}{4}\left(1 - \frac{\varepsilon\sigma}{\sqrt{\delta}}\right)^2$$

でなければならない．こうして，安定・不安定の境界は次式で与えられる．

$$\sigma\varepsilon = \frac{\dfrac{\varepsilon^2}{4}\left(\dfrac{1}{4\delta} + \dfrac{1}{2\sqrt{\delta}+1}\right) \pm \dfrac{\varepsilon}{2}}{2\sqrt{\delta} \pm \dfrac{\varepsilon}{2\sqrt{\delta}}} \tag{3.78}$$

ところで，式 (3.61) によって $\varepsilon\sigma = \dfrac{1}{2} - \sqrt{\delta}$，そしてまた $2\sqrt{\delta} \fallingdotseq 1$ であるので，式 (3.78) は

$$\begin{aligned}\frac{1}{2} - \sqrt{\delta} &= \frac{\varepsilon}{1 \pm \varepsilon}\left(\frac{3}{8}\varepsilon \pm \frac{1}{2}\right) \fallingdotseq \varepsilon\left(\frac{3}{8}\varepsilon \pm \frac{1}{2}\right)(1 \mp \varepsilon) \\ &\fallingdotseq \varepsilon\left(-\frac{1}{8}\varepsilon \pm \frac{1}{2}\right)\end{aligned}$$

となって，

$$\sqrt{\delta} \fallingdotseq \frac{1}{2} - \varepsilon\left(-\frac{1}{8}\varepsilon \pm \frac{1}{2}\right) \tag{3.79}$$

となる．こうして，境界は

$$\delta \fallingdotseq \frac{1}{4} - \varepsilon\left(-\frac{1}{8}\varepsilon \pm \frac{1}{2}\right) \tag{3.80}$$

で与えられる．これもまた，3.1 節の結果と一致している．しかし，この 3.2 節の方法はあまりにも複雑すぎることがわかる．

3.3 漸　近　法

この方法では，$\sqrt{\delta} \fallingdotseq 1/2$ におけるマシューの方程式 (1.32) の解を

$$\left.\begin{aligned} x &= a\cos\left(\frac{1}{2}t + \theta\right) \\ \dot{x} &= -\frac{1}{2}a\sin\left(\frac{1}{2}t + \theta\right)\end{aligned}\right\} \tag{3.81}$$

と仮定し，a，θ を t の関数とする（文献 3)参照)．

第一式と第二式が矛盾しないように，第一式を t で微分し，第二式と等置すれば

$$\dot{a}\cos\left(\frac{1}{2}t + \theta\right) - a\dot{\theta}\sin\left(\frac{1}{2}t + \theta\right) = 0 \tag{3.82}$$

を得る．第二式の微分と第一式とをマシューの方程式 (1.32) に代入すると

$$\begin{aligned}&\dot{a}\sin\left(\frac{1}{2}t + \theta\right) + a\dot{\theta}\cos\left(\frac{1}{2}t + \theta\right) \\ &= -2\left\{\left(\frac{1}{2}\right)^2 - \delta\right\}a\cos\left(\frac{1}{2}t + \theta\right)\end{aligned}$$

$$+\varepsilon a\left\{\cos\left(\frac{1}{2}t+\theta\right)\cos 2\theta+\sin\left(\frac{1}{2}t+\theta\right)\sin 2\theta\right\} \tag{3.83}$$

を得る．これらより

$$\left.\begin{aligned}\dot{a} &= -2\left\{\left(\frac{1}{2}\right)^2-\delta\right\}a\cos\left(\frac{1}{2}t+\theta\right)\sin\left(\frac{1}{2}t+\theta\right)\\ &\quad+\varepsilon a\left\{\cos\left(\frac{1}{2}t+\theta\right)\cos 2\theta+\sin\left(\frac{1}{2}t+\theta\right)\sin 2\theta\right\}\sin\left(\frac{1}{2}t+\theta\right)\\ a\dot{\theta} &= -2\left\{\left(\frac{1}{2}\right)^2-\delta\right\}a\cos^2\left(\frac{1}{2}t+\theta\right)\\ &\quad+\varepsilon a\left\{\cos\left(\frac{1}{2}t+\theta\right)\cos 2\theta+\sin\left(\frac{1}{2}t+\theta\right)\sin 2\theta\right\}\cos\left(\frac{1}{2}t+\theta\right)\end{aligned}\right\} \tag{3.84}$$

が得られる．$\sqrt{\delta} \fallingdotseq 1/2$ のとき，これらの右辺は微小と仮定できるので，平均法を適用することができる．

すなわち，式 (3.84) の各項を $t/2=0$〜2π で平均し，その間の $\dot{a}$，$\dot{\theta}$，a，θ の平均値を改めて，$\dot{a}$，$\dot{\theta}$，a，θ とおき，しかも平均値であるにもかかわらず，ふたたび時間の関数とおけば，

$$\left.\begin{aligned}\dot{a} &= \frac{\varepsilon a}{2}\sin 2\theta\\ \dot{\theta} &= -\left\{\left(\frac{1}{2}\right)^2-\delta\right\}+\frac{\varepsilon}{2}\cos 2\theta\end{aligned}\right\} \tag{3.85}$$

が得られる．しかし，式 (3.85) はもとのマシューの方程式よりも複雑であるので，近似としては意味がない．それで，図 3.2 のように，極座標を直交座標に変換すれば，

$$\left.\begin{aligned}\xi &= a\cos\theta\\ \eta &= -a\sin\theta\end{aligned}\right\} \tag{3.86}$$

となり，

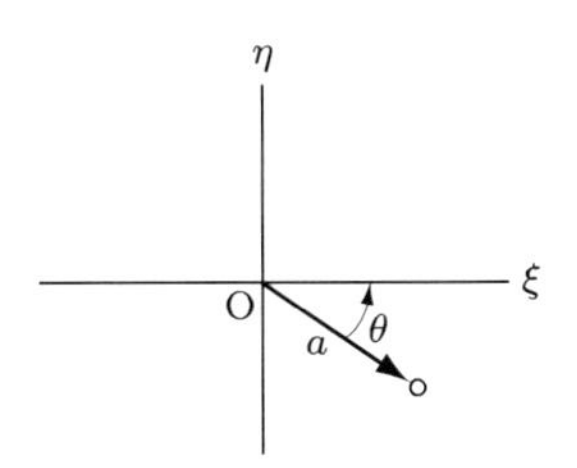

図 **3.2** 座標変換

$$\left.\begin{aligned}\dot{\xi} &= -\left\{\frac{\varepsilon}{2} + \left(\frac{1}{2}\right)^2 - \delta\right\}\eta \\ \dot{\eta} &= -\left\{\frac{\varepsilon}{2} - \left(\frac{1}{2}\right)^2 + \delta\right\}\xi\end{aligned}\right\} \tag{3.87}$$

なる連立線形微分方程式が得られる.

これの特性方程式は

$$\begin{vmatrix} \lambda & \dfrac{\varepsilon}{2} + \left(\dfrac{1}{2}\right)^2 - \delta \\ \dfrac{\varepsilon}{2} - \left(\dfrac{1}{2}\right)^2 + \delta & \lambda \end{vmatrix} = \lambda^2 + \left\{\left(\frac{1}{2}\right)^2 - \delta\right\}^2 - \left(\frac{\varepsilon}{2}\right)^2 = 0 \tag{3.88}$$

であり，λ^2 が正になれば式 (3.87) の解が不安定になる．したがって，不安定条件は

$$\left\{\left(\frac{1}{2}\right)^2 - \delta\right\}^2 < \left(\frac{\varepsilon}{2}\right)^2 \tag{3.89}$$

となる．これを書きなおせば

$$\left(\frac{1}{2}\right)^2 - \frac{\varepsilon}{2} < \delta < \left(\frac{1}{2}\right)^2 + \frac{\varepsilon}{2} \tag{3.90}$$

で，不安定領域の境界は

$$\delta = \left(\frac{1}{2}\right)^2 \pm \frac{\varepsilon}{2}$$

となるが，これは式 (3.80) の ε^2 の項がないものと一致する．つまり，式 (3.81) の仮定は第一近似である．

ボゴリューボフらによれば，第二近似は

$$x = a\cos\left(\frac{1}{2}t + \theta\right) + \frac{a\varepsilon}{8\left(\delta + \dfrac{\sqrt{\delta}}{2}\right)}\cos\left(\frac{3}{2}t + \theta\right) \tag{3.91}$$

となる．この場合，

$$\left.\begin{aligned}\dot{a} &= \frac{\varepsilon a}{2}\sin 2\theta \\ \dot{\theta} &= \sqrt{\delta} - \frac{1}{2} + \frac{\varepsilon^2(\sqrt{\delta}+1)}{32\left(\sqrt{\delta} + \dfrac{1}{2}\right)\delta\sqrt{\delta}} + \frac{\varepsilon}{2}\cos 2\theta\end{aligned}\right\} \tag{3.92}$$

となって

$$\left.\begin{aligned}\dot{\xi} &= \left\{-\frac{\varepsilon}{2}+\sqrt{\delta}-\frac{1}{2}+\frac{\varepsilon^2(\sqrt{\delta}+1)}{32\left(\sqrt{\delta}+\frac{1}{2}\right)\delta\sqrt{\delta}}\right\}\eta \\ \dot{\eta} &= \left\{-\frac{\varepsilon}{2}-\sqrt{\delta}+\frac{1}{2}-\frac{\varepsilon^2(\sqrt{\delta}+1)}{32\left(\sqrt{\delta}+\frac{1}{2}\right)\delta\sqrt{\delta}}\right\}\xi\end{aligned}\right\} \tag{3.93}$$

が得られ，不安定領域の境界は

$$\sqrt{\delta}-\frac{1}{2}+\frac{\varepsilon^2(\sqrt{\delta}+1)}{32\left(\sqrt{\delta}+\frac{1}{2}\right)\delta\sqrt{\delta}}=\pm\frac{\varepsilon}{2} \tag{3.94}$$

で与えられる．左辺の第3項において $\sqrt{\delta} \fallingdotseq 1/2$ とおけば

$$\sqrt{\delta} \fallingdotseq \frac{1}{2}\pm\frac{\varepsilon}{2}-\frac{3}{8}\varepsilon^2$$

となって，

$$\delta \fallingdotseq \frac{1}{4}\pm\frac{\varepsilon}{2}-\frac{1}{8}\varepsilon^2$$

が得られ，3.2 節の結果と一致する．

3.4 林・ボローチンらの近似

以上に紹介した三種類の近似解法は，いずれも非線形振動の近似解法である．しかし，すでに第1章，第2章で述べたように，マシューの方程式はパラメータ励振系とはいえ，線形微分方程式であることには変わりはない．したがって，非線形振動の近似解法によらなくても，解は式 (2.29) のように表され，特性方程式は式 (2.35) や式 (2.37) のように表される．これらの特性方程式は，まだ厳密には解けないので，これを近似的に解かなければならない．

林やボローチンの近似は，無限次の行列式を有限次の行列式で近似するというのではなく，マシューの方程式の解を式 (2.29) のような無限和ではなく有限和で近似するという手法である（文献 2，3)参照)．すなわち，マシューの方程式の第一近似解を次のように仮定する．

$$x = e^{\lambda t}\sin\left(\frac{1}{2}t-\theta\right) \tag{3.95}$$

このとき

$$\dot{x} = \lambda e^{\lambda t}\sin\left(\frac{1}{2}t - \theta\right) + \frac{1}{2}e^{\lambda t}\cos\left(\frac{1}{2}t - \theta\right)$$
$$\ddot{x} = \left(\lambda^2 - \frac{1}{4}\right)e^{\lambda t}\sin\left(\frac{1}{2}t - \theta\right) + \lambda e^{\lambda t}\cos\left(\frac{1}{2}t - \theta\right)$$
$$x\cos t = \frac{1}{2}e^{\lambda t}\left\{\sin\left(\frac{3}{2}t - \theta\right) - \sin\left(\frac{1}{2}t + \theta\right)\right\}$$

となるので，マシューの方程式に代入すると，$e^{\lambda t}\sin\left(\frac{1}{2}t - \theta\right)$ の係数は

$$\lambda^2 - \frac{1}{4} + \delta - \frac{1}{2}\varepsilon\cos 2\theta = 0 \tag{3.96}$$

となり，$e^{\lambda t}\cos\left(\frac{1}{2}t - \theta\right)$ の係数は

$$\lambda - \frac{1}{2}\varepsilon\sin 2\theta = 0 \tag{3.97}$$

となる．これらより θ を消去すると

$$\left(\lambda^2 - \frac{1}{4} + \delta\right)^2 + \lambda^2 = \left(\frac{1}{2}\varepsilon\right)^2 \tag{3.98}$$

なる λ の複二次式が得られる．

仮定した解 (3.95) より，安定・不安定の境界は $\lambda = 0$ で与えられるので

$$\delta = \frac{1}{4} \pm \frac{1}{2}\varepsilon \tag{3.99}$$

となる．これは漸近法の結果と一致する．

次に，

$$x = e^{\lambda t}\{C + \sin(t - \theta)\} \tag{3.100}$$

なる解を仮定してみる．このときは

$$x\cos t = Ce^{\lambda t}\{\cos(t - \theta)\cos\theta - \sin(t - \theta)\sin\theta\}$$
$$+ \frac{1}{2}e^{\lambda t}\{\sin(2t - \theta) - \sin\theta\}$$

となるので，マシューの方程式の $e^{\lambda t}$ の係数は

$$(\lambda^2 + \delta)C - \frac{1}{2}\varepsilon\sin\theta = 0 \tag{3.101}$$

$e^{\lambda t}\sin(t - \theta)$ の係数は

$$\lambda^2 - 1 + \delta - C\varepsilon\sin\theta = 0 \tag{3.102}$$

$e^{\lambda t}\cos(t - \theta)$ の係数は

$$2\lambda + \varepsilon \cos\theta C = 0 \tag{3.103}$$

のようになる．式 (3.102) と式 (3.103) を変形すると

$$(\lambda^2 - 1 + \delta)\cos\theta + 2\lambda\sin\theta = 0$$

$$2\lambda\cos\theta - (\lambda^2 - 1 + \delta)\sin\theta + \varepsilon C = 0$$

となるので，これらと式 (3.101) より

$$\begin{bmatrix} \lambda^2 + \delta & \frac{1}{2}\varepsilon & 0 \\ \varepsilon & \lambda^2 - 1 + \delta & 2\lambda \\ 0 & -2\lambda & \lambda^2 - 1 + \delta \end{bmatrix} \begin{bmatrix} C \\ -\sin\theta \\ \cos\theta \end{bmatrix} = \begin{bmatrix} 0 \\ 0 \\ 0 \end{bmatrix} \tag{3.104}$$

が得られる．これが非自明解をもつための必要十分条件により，特性方程式は

$$\begin{vmatrix} \lambda^2 + \delta & \frac{1}{2}\varepsilon & 0 \\ \varepsilon & \lambda^2 - 1 + \delta & 2\lambda \\ 0 & -2\lambda & \lambda^2 - 1 + \delta \end{vmatrix} = 0 \tag{3.105}$$

となるが，安定・不安定の境界は，$\lambda = 0$ とおくことにより次式となる．

$$\begin{vmatrix} \delta & \frac{1}{2}\varepsilon & 0 \\ \varepsilon & -1 + \delta & 0 \\ 0 & 0 & -1 + \delta \end{vmatrix} = (\delta - 1)\left(\delta^2 - \delta - \frac{1}{2}\varepsilon^2\right) = 0 \tag{3.106}$$

こうして

$$\delta = 1, \quad \delta = \frac{1}{2} \pm \frac{1}{2}\sqrt{1 + 2\varepsilon^2} \fallingdotseq 1 + \frac{1}{2}\varepsilon^2, \quad -\frac{1}{2}\varepsilon^2$$

なる三つの境界が得られる．

マシューの方程式の解は，式 (3.98) や式 (3.105) を解いて λ を求め，そのときの係数 C，$-\sin\theta$，$\cos\theta$ を求めていけばよい．

3.5 マシューの方程式の漸化式

漸化式を用いる解き方もある．マシューの方程式 (1.32) において

$$t = 2\tau, \quad \frac{d}{d\tau} = {}'$$

とおけば

$$x'' + \left(a + \frac{1}{2}k^2 \cos 2\tau\right)x = 0 \tag{3.107}$$

となる．ここに，$a = 4\delta$，$k^2 = 8\varepsilon$ である．

もし，

$$\xi = k \sin \tau \tag{3.108}$$

と書けば，式 (3.107) は次のように変形できる．

$$(\xi^2 - k^2)\frac{d^2x}{d\xi^2} + \xi\frac{dx}{d\xi} + (\xi^2 - M^2)x = 0 \tag{3.109}$$

ここに，$M^2 = a + \frac{1}{2}k^2$ である．この式は，ベッセルやルジャンドルの微分方程式に似ているが同一ではない．

いま，

$$x = e^{j\xi}\xi^{-\frac{1}{2}}v \tag{3.110}$$

とおけば，式 (3.109) より

$$\begin{aligned}(\xi^2 - k^2)\frac{d^2v}{d\xi^2} &+ \left\{2j(\xi^2 - k^2) + k^2\xi^{-1}\right\}\frac{dv}{d\xi}\\ &+ \left\{\frac{1}{4} + k^2\left(1 - \frac{3}{4}\xi^{-2}\right) - M^2 + jk^2\xi^{-1}\right\}v = 0\end{aligned} \tag{3.111}$$

が導かれ，この解を

$$v = \sum_{n=0}^{\infty} c_n \xi^{-n} \tag{3.112}$$

と仮定することによって，定数項は

$$-2jc_1 + \left(\frac{1}{4} + k^2 - M^2\right)c_0 = 0 \tag{3.113}$$

ξ^{-1} の係数は

$$2!c_1 + 2j2c_2 + \left(\frac{1}{4} + k^2 - M^2\right)c_1 + jk^2c_0 = 0 \tag{3.114}$$

ξ^{-n} の係数は

$$\begin{aligned}2j(n+1)c_{n+1} = \left\{\left(\frac{1}{4} + k^2 - M^2\right) + n(n+1)\right\}c_n + j(2n-1)k^2c_{n-1}\\ - \left(n^2 - 2n + \frac{3}{4}\right)c_{n-2}\end{aligned} \tag{3.115}$$

となる．以上の漸化式を解けば，v および x が得られ，式 (3.110) と共役な

$$x = e^{-j\xi}\xi^{-\frac{1}{2}}\overline{v} \tag{3.116}$$

もまた一つの解となる．両方の x に含まれる二つの係数 c_0 は，初期条件によって定められる．しかし，この方法は，解の安定判別には不向きである．

3.6 多自由度系に対する摂動法の結果

3.6.1 シューの結果

シュー（C.S. Hsu）は，多自由度線形パラメータ励振系に，非線形振動系の近似解法である摂動法を適用して，不安定領域を求めている．シューは次のような系を取り扱っている（文献 4)参照）．

$$\ddot{\boldsymbol{x}} + \varepsilon \boldsymbol{C}(t)\dot{\boldsymbol{x}} + \boldsymbol{B}(t)\boldsymbol{x} = \boldsymbol{0} \tag{3.117}$$

ただし，

$\boldsymbol{x}$ は N 次元の列ベクトル

ε は微小パラメータ

$$\boldsymbol{C}(t) = \boldsymbol{F}^{(0)} + \sum_{k=1}^{S}\left\{\boldsymbol{F}^{(k)}\cos k\omega t + \boldsymbol{G}^{(k)}\sin k\omega t\right\}$$

$$\boldsymbol{B}(t) = \boldsymbol{B}^{(0)} + \varepsilon\sum_{k=1}^{S}\left\{\boldsymbol{D}^{(k)}\cos k\omega t + \boldsymbol{E}^{(k)}\sin k\omega t\right\}$$

$$\boldsymbol{B}^{(0)} = \mathrm{diag}\left[{\omega_1}^2\ {\omega_2}^2\ \ldots\ {\omega_N}^2\right]$$

$$\boldsymbol{D}^{(k)} = \left(d_{ij}^{(k)}\right), \quad \boldsymbol{E}^{(k)} = \left(e_{ij}^{(k)}\right)$$

とする．一般の多自由度系の場合，摂動法による不安定領域の式の誘導は，一自由度系の場合と比べて非常に複雑になるので，ここでは

$$\boldsymbol{C}(t) = \boldsymbol{E}^{(0)} = \boldsymbol{0}$$

という簡単な場合（不減衰系）に限定して結果のみを示す．不安定領域は次のような不等式で与えられる．

(1) $\omega = \dfrac{\omega_l + \omega_j}{n}$（$n$ は整数）の近傍

$$\frac{\omega_l + \omega_j}{n} - \frac{\varepsilon}{2n}\sqrt{\frac{{d_{lj}}^{(n)}{d_{jl}}^{(n)}}{\omega_l\omega_j}} < \omega < \frac{\omega_l + \omega_j}{n} + \frac{\varepsilon}{2n}\sqrt{\frac{{d_{lj}}^{(n)}{d_{jl}}^{(n)}}{\omega_l\omega_j}} \tag{3.118}$$

(2) $\omega = \dfrac{2\omega_l}{n}$ の近傍

$$\frac{2\omega_l}{n} - \frac{\varepsilon}{2n}\frac{\left|d_{ll}{}^{(n)}\right|}{\omega_l} < \omega < \frac{2\omega_l}{n} + \frac{\varepsilon}{2n}\frac{\left|d_{ll}{}^{(n)}\right|}{\omega_l} \tag{3.119}$$

(3) $\omega = \dfrac{\omega_l - \omega_j}{n}$ の近傍

$$\frac{\omega_l - \omega_j}{n} - \frac{\varepsilon}{2n}\sqrt{\frac{-d_{lj}{}^{(n)}d_{jl}{}^{(n)}}{\omega_l\omega_j}} < \omega < \frac{\omega_l - \omega_j}{n} + \frac{\varepsilon}{2n}\sqrt{\frac{-d_{lj}{}^{(n)}d_{jl}{}^{(n)}}{\omega_l\omega_j}} \tag{3.120}$$

3.6.2　シュミットらの結果

ヨーロッパでは，シュミット（Schmidt），メットラー（Mettler），バイデンハムマー（Weidenhammer）らによる摂動法の結果が，よく用いられている．彼らは，シューとは異なる式の不安定領域を求めている．取り扱っている方程式は

$$\ddot{\boldsymbol{x}} + \varepsilon\boldsymbol{B}\dot{\boldsymbol{x}} + (\boldsymbol{\Omega} + \varepsilon\boldsymbol{A}\cos\omega t)\boldsymbol{x} = \boldsymbol{0} \tag{3.121}$$

である．ただし，

$$\boldsymbol{\Omega} = \mathrm{diag}\left[\omega_1{}^2\ \omega_2{}^2\ \ldots\ \omega_N^2\right]$$

$$\boldsymbol{B} = (\beta_{ij}),\quad \boldsymbol{A} = (\alpha_{ij})$$

はすべて定数行列とする．このとき不安定領域は次のような不等式で与えられる（文献11)参照）．

(1) $\omega = \omega_l + \omega_j$ の近傍

$$\begin{aligned}\omega_l + \omega_j - \frac{\varepsilon}{2}(\beta_{lj} + \beta_{jl})\sqrt{\frac{\alpha_{lj}\alpha_{jl}}{4\omega_l\omega_j\beta_{lj}\beta_{jl}} - 1} &< \omega \\ &< \omega_l + \omega_j + \frac{\varepsilon}{2}(\beta_{lj} + \beta_{jl})\sqrt{\frac{\alpha_{lj}\alpha_{jl}}{4\omega_l\omega_j\beta_{lj}\beta_{jl}} - 1}\end{aligned} \tag{3.122}$$

(2) $\omega = 2\omega_l$ の近傍

$$2\omega_l - \frac{\varepsilon}{2\omega_l}\sqrt{\alpha_{ll}{}^2 - 4\omega_l{}^2\beta_{ll}{}^2} < \omega < 2\omega_l + \frac{\varepsilon}{2\omega_l}\sqrt{\alpha_{ll}{}^2 - 4\omega_l{}^2\beta_{ll}{}^2} \tag{3.123}$$

とくに，$\boldsymbol{B} = \boldsymbol{0}$（不減衰系）とおけば，式(3.122)，(3.123)は，式(3.118)，(3.119)で $n = 1$ とおいたものに一致する．

以上の結果は，いずれも非線形振動の近似解法の一つである摂動法を，線形のパラメータ励振系に適用したもので，これらの式の変形はあまりにも複雑である．

第 4 章　無限次行列式の近似解法

この章では，特性方程式である無限次の行列式の近似解法を示す．二次の行列式で近似した結果は，第 3 章で示した摂動法の近似解と一致することを述べている．これらより精度のよい近似の方法についても述べている．

4.1　無限次行列式の近似

最初に，シューが取り扱ったものと同じ不減衰パラメータ励振系 (3.117)

$$\ddot{\boldsymbol{x}} + \left[\boldsymbol{B}^{(0)} + \varepsilon \sum_{k=1}^{S} \left\{\boldsymbol{D}^{(k)} \cos k\omega t + \boldsymbol{E}^{(k)} \sin k\omega t\right\}\right]\boldsymbol{x} = \boldsymbol{0} \tag{4.1}$$

を考える（文献 15)参照）．これを指数関数で表示すれば次のようになる．

$$\ddot{\boldsymbol{x}} + \sum_{k=-S}^{S} \boldsymbol{A}^{(k)} e^{jk\omega t}\boldsymbol{x} = \boldsymbol{0} \qquad (j = \sqrt{-1}) \tag{4.2}$$

ただし，

$$\begin{aligned} \boldsymbol{A}^{(0)} &= \boldsymbol{B}^{(0)} \\ \boldsymbol{A}^{(k)} &= \left(a_{jl}{}^{(k)}\right) = \begin{cases} \dfrac{\varepsilon}{2}\left\{\boldsymbol{D}^{(k)} - j\boldsymbol{E}^{(k)}\right\} & (k > 0) \\ \dfrac{\varepsilon}{2}\left\{\boldsymbol{D}^{(-k)} + j\boldsymbol{E}^{(-k)}\right\} & (k < 0) \end{cases} \end{aligned}$$

である．式 (4.2) の解を

$$\boldsymbol{x} = \sum_{n=-\infty}^{\infty} \boldsymbol{c}_n e^{j\left(z+\frac{n\omega}{2}\right)t} \tag{4.3}$$

とおいて，式 (4.2) に代入したとき，$e^{j\left(z+\frac{n\omega}{2}\right)t}$ の係数は

$$-\left(z + \frac{n\omega}{2}\right)^2 \boldsymbol{c}_n + \sum_{k=-S}^{S} \boldsymbol{A}^{(k)} \boldsymbol{c}_{n-2k} = \boldsymbol{0} \qquad (n = -\infty \sim \infty) \tag{4.4}$$

となる．これを書きなおせば，偶数の n に対しては

$$
\begin{bmatrix}
\ddots & \vdots & \vdots & \vdots & \iddots \\
\cdots & \boldsymbol{A}^{(0)} - (z-\omega)^2\boldsymbol{E} & \boldsymbol{A}^{(-1)} & \boldsymbol{A}^{(-2)} & \cdots \\
\cdots & \boldsymbol{A}^{(1)} & \boldsymbol{A}^{(0)} - z^2\boldsymbol{E} & \boldsymbol{A}^{(-1)} & \cdots \\
\cdots & \boldsymbol{A}^{(2)} & \boldsymbol{A}^{(1)} & \boldsymbol{A}^{(0)} - (z+\omega)^2\boldsymbol{E} & \cdots \\
\iddots & \vdots & \vdots & \vdots & \ddots
\end{bmatrix}
\begin{bmatrix} \vdots \\ \boldsymbol{c}_{-2} \\ \boldsymbol{c}_0 \\ \boldsymbol{c}_2 \\ \vdots \end{bmatrix}
=
\begin{bmatrix} \vdots \\ \boldsymbol{0} \\ \boldsymbol{0} \\ \boldsymbol{0} \\ \vdots \end{bmatrix}
\tag{4.5}
$$

奇数の n に対しては

$$
\begin{bmatrix}
\ddots & \vdots & \vdots & \vdots & \iddots \\
\cdots & \boldsymbol{A}^{(0)} - \left(z-\frac{3}{2}\omega\right)^2\boldsymbol{E} & \boldsymbol{A}^{(-1)} & \boldsymbol{A}^{(-2)} & \cdots \\
\cdots & \boldsymbol{A}^{(1)} & \boldsymbol{A}^{(0)} - \left(z-\frac{1}{2}\omega\right)^2\boldsymbol{E} & \boldsymbol{A}^{(-1)} & \cdots \\
\cdots & \boldsymbol{A}^{(2)} & \boldsymbol{A}^{(1)} & \boldsymbol{A}^{(0)} - \left(z+\frac{1}{2}\omega\right)^2\boldsymbol{E} & \cdots \\
\iddots & \vdots & \vdots & \vdots & \ddots
\end{bmatrix}
$$

$$
\times
\begin{bmatrix} \vdots \\ \boldsymbol{c}_{-3} \\ \boldsymbol{c}_{-1} \\ \boldsymbol{c}_1 \\ \vdots \end{bmatrix}
=
\begin{bmatrix} \vdots \\ \boldsymbol{0} \\ \boldsymbol{0} \\ \boldsymbol{0} \\ \vdots \end{bmatrix}
\tag{4.6}
$$

が得られる．ただし，$\boldsymbol{E}$ は単位行列である．したがって，特性方程式は，偶数の n に対しては

$$
F(z) =
\begin{vmatrix}
\ddots & \vdots & \vdots & \vdots & \iddots \\
\cdots & \boldsymbol{A}^{(0)} - (z-\omega)^2\boldsymbol{E} & \boldsymbol{A}^{(-1)} & \boldsymbol{A}^{(-2)} & \cdots \\
\cdots & \boldsymbol{A}^{(1)} & \boldsymbol{A}^{(0)} - z^2\boldsymbol{E} & \boldsymbol{A}^{(-1)} & \cdots \\
\cdots & \boldsymbol{A}^{(2)} & \boldsymbol{A}^{(1)} & \boldsymbol{A}^{(0)} - (z+\omega)^2\boldsymbol{E} & \cdots \\
\iddots & \vdots & \vdots & \vdots & \ddots
\end{vmatrix}
= 0
\tag{4.7}
$$

となり，奇数の n に対しては

$$G(z)=\begin{vmatrix} \ddots & \vdots & \vdots & \vdots & \iddots \\ \cdots & \boldsymbol{A}^{(0)}-\left(z-\frac{3}{2}\omega\right)^2\boldsymbol{E} & \boldsymbol{A}^{(-1)} & \boldsymbol{A}^{(-2)} & \cdots \\ \cdots & \boldsymbol{A}^{(1)} & \boldsymbol{A}^{(0)}-\left(z-\frac{1}{2}\omega\right)^2\boldsymbol{E} & \boldsymbol{A}^{(-1)} & \cdots \\ \cdots & \boldsymbol{A}^{(2)} & \boldsymbol{A}^{(1)} & \boldsymbol{A}^{(0)}-\left(z+\frac{1}{2}\omega\right)^2\boldsymbol{E} & \cdots \\ \iddots & \vdots & \vdots & \vdots & \ddots \end{vmatrix} = 0 \tag{4.8}$$

となる．これより

$$\left.\begin{aligned} &F(z)=F(-z)=F(z+\omega) \\ &G(z)=G(-z)=G(z+\omega)=F\left(z+\frac{\omega}{2}\right) \end{aligned}\right\} \tag{4.9}$$

が成立する．つまり，式 (4.7)，(4.8) のいずれを満たす曲線 $z=z(\omega)$ も上下対称であり，かつ上下方向に周期 ω で繰り返す．しかも，一方の曲線を上下方向に $\omega/2$ だけずらせば他方の曲線に一致する．したがって，式 (4.7)，(4.8) のどちらか一方の，$0 \leqq z \leqq \omega/2$ における解 z（第 2 章で代表特性解とよんだ解）を求めればよい．$\boldsymbol{x}$ が N 次元列ベクトルならば，そのような解は N 個存在する．式 (4.7) のそれらを $Z_1, Z_2, \ldots, Z_N$ と表せば，式 (4.7) のほかの解は

$$z=\pm Z_l+m\omega \qquad (l=1,2,\ldots,N;\ m \text{ は整数}) \tag{4.10}$$

と表され，式 (4.8) の解は

$$z=\pm Z_l+\frac{2m-1}{2}\omega \tag{4.11}$$

と表される．

式 (4.7) の行列式は，無限次であるので厳密に解くことはできない．そこで，これを有限次の行列式で近似することによって，これら N 個の代表特性解 Z_l $(l=1, 2, \ldots, N)$ を求めてみる．その際，無限次の行列式をどのような行と列で近似すればよいかが重要な問題となる．

まず，$\varepsilon=0$ $(\boldsymbol{A}^{(k)}=\boldsymbol{0},\ k\neq 0)$ の場合を考えると，特性方程式はただちに

$$\left|\boldsymbol{A}^{(0)}-\left(z+\frac{n\omega}{2}\right)^2\boldsymbol{E}\right|=0 \qquad (n：偶数) \tag{4.12}$$

となる．$\boldsymbol{A}^{(0)}=\boldsymbol{B}^{(0)}=\mathrm{diag}\left[{\omega_1}^2\ {\omega_2}^2\ \ldots\ {\omega_N}^2\right]$ により，

$$z = \pm\omega_l - \frac{n}{2}\omega \qquad (l = 1, 2, \ldots, N;\ n：偶数) \tag{4.13}$$

が得られる．図示すれば，図 4.1 のようになる．ただし，すべての直線を描くことはできないので，一部の直線のみを描いている（以下の図においても同様に，一部の直線のみを図示する）．以下では，このような直線を**解直線**とよぶ．この n に対応する $\boldsymbol{c}_n$ だけが $\boldsymbol{0}$ ではないので，式 (4.3) は

$$\boldsymbol{x} = \boldsymbol{c}_n e^{j\left(z+\frac{n\omega}{2}\right)t} = \boldsymbol{c}_n e^{\pm j\omega_l t} \tag{4.14}$$

と書ける．

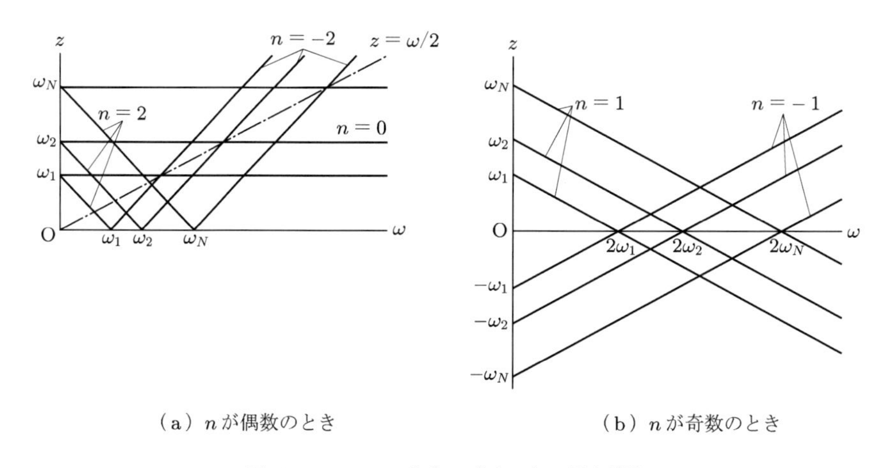

図 4.1　$\varepsilon = 0$ のときの式 (4.7) の解直線群

式 (4.13) の z と ω の関係は，定係数系

$$\ddot{\boldsymbol{x}} + \boldsymbol{B}^{(0)}\boldsymbol{x} = \boldsymbol{0}$$

の特性解 z と ω の関係を与える．

ε が 0 でない微小な値のとき，式 (4.7) の解 z と ω の関係（以下では**解曲線**とよぶ）は，図 4.1 の直線群に十分近いものと考えられるが，非対角要素が存在するため，もはや直線のまま交差するのではなく，曲線になると考えられる．その解曲線のパターンとしては，図 4.2 のような二種類が考えられる．

図 4.2（a）のような場合，実数の z が存在しない ω の範囲があり，そこでは z は一般に複素数となる．このとき，$\lambda = jz$ によって λ が正の実部をもつことになり，解 $\boldsymbol{x}$ は発散成分をもつ．つまり，解 $\boldsymbol{x} = \boldsymbol{0}$ は不安定となる．このような ω の範囲を**不安定領域**とよぶ．図 4.2（b）のような場合，z が複素数になるような ω の

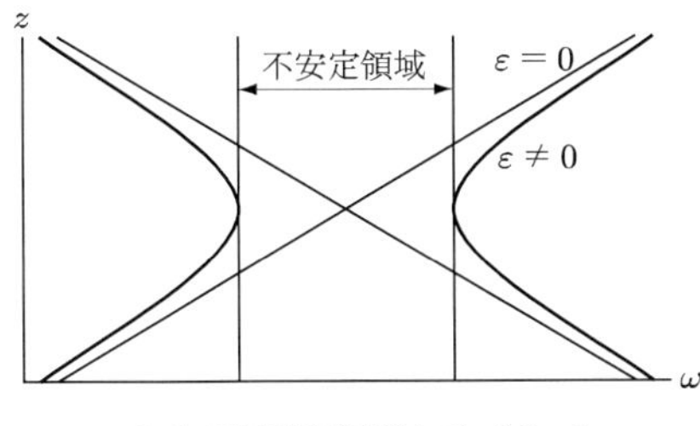

（a）不安定領域があるパターン

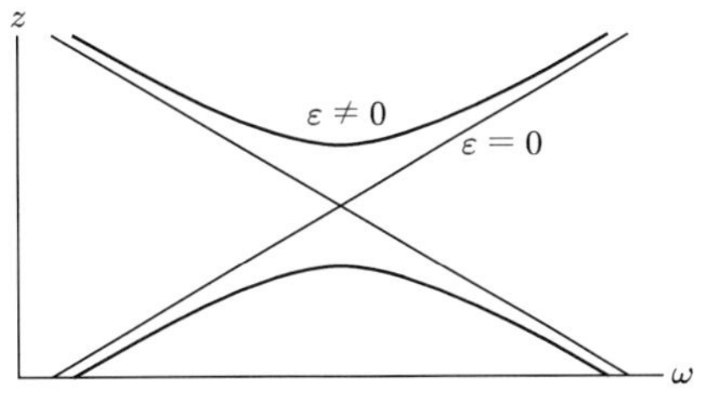

（b）不安定領域がないパターン

図 **4.2** 式 (4.7) の解曲線のパターン ($\varepsilon \neq 0$)

範囲は存在しない．つまり不安定解は存在しない．

このようにして，もし（漸近的）不安定解があるとすれば，それは式 (4.7) の解曲線の形が図 4.2（a）のようになる場合である．そして，不安定領域は図 4.1 の直線群の交点近傍に存在する．

たとえば，図 4.3 のような場合，直線 $z = \omega_l$ $(n = 0)$ と $z = -\omega_j + \omega$ $(n = -2)$ の交点 1 $(\omega = \omega_l + \omega_j)$ 付近に注目すると，

$$\omega_l - z \fallingdotseq 0, \quad \omega_j + z - \omega \fallingdotseq 0$$

$$\omega_l + z \fallingdotseq 2\omega_l, \quad \omega_j - (z - \omega) \fallingdotseq 2\omega_j$$

が成立し，これらの直線に対応する対角要素は，

$$\omega_l{}^2 - z^2, \quad \omega_j{}^2 - (z - \omega)^2$$

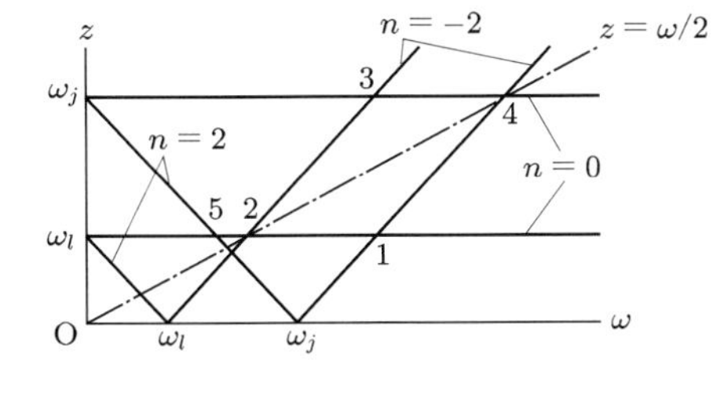

（a）n が偶数のとき

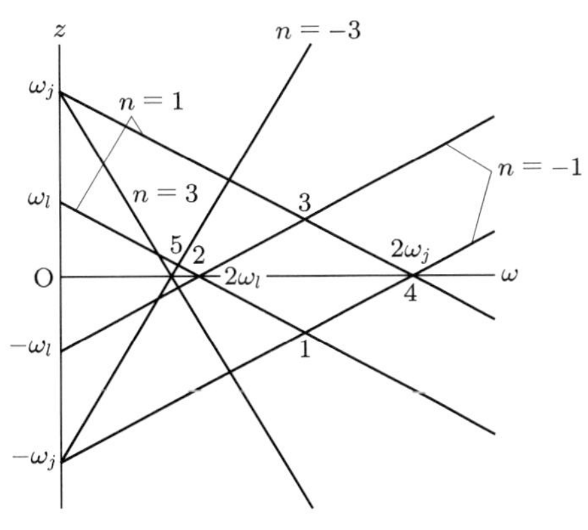

（b）n が奇数のとき

図 **4.3** $\varepsilon = 0$ のときの解直線群

である．これ以外の対角要素は，交点付近の z，ω ではほぼ一定の値となり，方程式の符号の変化にはほとんど影響を及ぼさない．そのため，式 (4.7) は少なくともここに示した二つの要素を対角要素にもつ二次の行列式，すなわち

$$\begin{vmatrix} {\omega_j}^2-(z-\omega)^2 & {a_{jl}}^{(-1)} \\ {a_{lj}}^{(1)} & {\omega_l}^2-z^2 \end{vmatrix}=0 \tag{4.15}$$

で近似しなければならない．このまま展開すれば z の四次方程式となるが，これをさらに近似すると次のような二次方程式となる．

$$\begin{aligned} &\begin{vmatrix} \{\omega_j-(z-\omega)\}\{\omega_j+(z-\omega)\} & {a_{jl}}^{(-1)} \\ {a_{lj}}^{(1)} & (\omega_l-z)(\omega_l+z) \end{vmatrix} \\ &\fallingdotseq \begin{vmatrix} 2\omega_j\{\omega_j+(z-\omega)\} & {a_{jl}}^{(-1)} \\ {a_{lj}}^{(1)} & 2\omega_l(\omega_l-z) \end{vmatrix} \\ &=-4\omega_j\omega_l\{z^2+(\omega_j-\omega_l-\omega)z-\omega_l(\omega_j-\omega)\}-{a_{jl}}^{(-1)}{a_{lj}}^{(1)} \\ &=0 \end{aligned} \tag{4.15$'$}$$

こうして2直線が交わっている交点付近では，解曲線は二次曲線で近似できる．この場合の不安定領域の境界は，z が重解になるような ω で与えられ，マシューの方程式の場合のように $z=0$ となる ω の値ばかりとは限らない．式 (4.15)$'$ が重解 z をもつ条件は，判別式=0 により

$$\{\omega-(\omega_j+\omega_l)\}^2-\frac{{a_{jl}}^{(-1)}{a_{lj}}^{(1)}}{\omega_j\omega_l}=0 \tag{4.16}$$

であるので，不安定領域は

$$\omega_j+\omega_l-\sqrt{\frac{{a_{jl}}^{(-1)}{a_{lj}}^{(1)}}{\omega_j\omega_l}}<\omega<\omega_j+\omega_l+\sqrt{\frac{{a_{jl}}^{(-1)}{a_{lj}}^{(1)}}{\omega_j\omega_l}} \tag{4.17}$$

で与えられる．

とくに，$\boldsymbol{E}^{(k)}=\boldsymbol{0}$ の場合，

$$\boldsymbol{A}^{(k)}=\frac{1}{2}\varepsilon\boldsymbol{D}^{(k)}=\frac{1}{2}\varepsilon\left({d_{jl}}^{(k)}\right)$$

となるので，式 (4.17) はシューの結果の式 (3.118)（ただし $n=1$）に一致することがわかる．すなわち，シューの結果は無限次の行列式を二次の行列式で近似したときの結果と一致することが確かめられた．

次に，直線 $z = \omega_l$ $(n = 0)$ と $z = -\omega_l + \omega$ $(n = -2)$ の交点 2 $(\omega = 2\omega_l)$ 付近に注目すると，これらの直線に対応する対角要素は，

$$
{\omega_l}^2 - z^2, \quad {\omega_l}^2 - (z - \omega)^2
$$

である．それで，式 (4.7) は少なくともこれらを対角要素にもつ二次の行列式

$$
\begin{vmatrix} {\omega_l}^2 - (z-\omega)^2 & {a_{ll}}^{(-1)} \\ {a_{ll}}^{(1)} & {\omega_l}^2 - z^2 \end{vmatrix} = 0 \tag{4.18}
$$

で近似しなければならない．このまま展開すればやはり z の四次方程式となるが，これをさらに近似すると次のような二次方程式となる．

$$
\begin{aligned}
&\begin{vmatrix} \{\omega_l - (z-\omega)\}\{\omega_l + (z-\omega)\} & {a_{ll}}^{(-1)} \\ {a_{ll}}^{(1)} & (\omega_l - z)(\omega_l + z) \end{vmatrix} \\
&\fallingdotseq \begin{vmatrix} 2\omega_l\{\omega_l + (z-\omega)\} & {a_{ll}}^{(-1)} \\ {a_{ll}}^{(1)} & 2\omega_l(\omega_l - z) \end{vmatrix} \\
&= -4{\omega_l}^2\left\{z^2 - \omega z - \omega_l(\omega_l - \omega)\right\} - {a_{ll}}^{(-1)}{a_{ll}}^{(1)} \\
&= 0
\end{aligned} \tag{4.18$'$}
$$

不安定領域は

$$
2\omega_l - \frac{\sqrt{{a_{ll}}^{(-1)}{a_{ll}}^{(1)}}}{\omega_l} < \omega < 2\omega_l + \frac{\sqrt{{a_{ll}}^{(-1)}{a_{ll}}^{(1)}}}{\omega_l} \tag{4.19}
$$

で与えられる．とくに，$\boldsymbol{E}^{(k)} = \mathbf{0}$ の場合，この式 (4.19) は式 (3.119)（ただし $n = 1$）に一致することがわかる．

交点 3 付近では，不安定領域は式 (4.17) と一致し，交点 4 付近では，式 (4.19) の添え字 l を j に変えたものになる．

直線 $z = \omega_l$ $(n = 0)$ と $z = \omega_j + \omega$ $(n = 2)$ の交点 5 $(\omega = \omega_j - \omega_l)$ 付近に注目すると，これらの直線に対応する対角要素は，

$$
{\omega_l}^2 - z^2, \quad {\omega_j}^2 - (z + \omega)^2
$$

である．それで，式 (4.7) は少なくともこれらを対角要素にもつ二次の行列式

$$
\begin{vmatrix} {\omega_l}^2 - z^2 & {a_{lj}}^{(-1)} \\ {a_{jl}}^{(1)} & {\omega_j}^2 - (z+\omega)^2 \end{vmatrix} = 0 \tag{4.20}
$$

で近似しなければならない．このまま展開すれば，やはり z の四次方程式となるが，これをさらに近似すると次のような二次方程式となる．

$$
\begin{aligned}
&\begin{vmatrix} (\omega_l - z)(\omega_l + z) & {a_{lj}}^{(-1)} \\ {a_{jl}}^{(1)} & \{\omega_j - (z+\omega)\}\{\omega_j + (z+\omega)\} \end{vmatrix} \\
&\fallingdotseq \begin{vmatrix} 2\omega_l(\omega_l - z) & {a_{lj}}^{(-1)} \\ {a_{jl}}^{(1)} & 2\omega_j\{\omega_j - (z+\omega)\} \end{vmatrix} \\
&= 4\omega_j\omega_l\bigl\{z^2 + (\omega_j + \omega_l - \omega)z + \omega_l(\omega_j - \omega)\bigr\} - {a_{jl}}^{(1)}{a_{lj}}^{(-1)} \\
&= 0 \qquad (4.20)'
\end{aligned}
$$

式 $(4.20)'$ が重解 z をもつ条件は，判別式 $=0$ により

$$
\bigl\{\omega - (\omega_j - \omega_l)\bigr\}^2 + \frac{{a_{jl}}^{(1)}{a_{lj}}^{(-1)}}{\omega_j\omega_l} = 0 \qquad (4.21)
$$

であるので，不安定領域は

$$
\omega_j - \omega_l - \sqrt{-\frac{{a_{jl}}^{(1)}{a_{lj}}^{(-1)}}{\omega_j\omega_l}} < \omega < \omega_j - \omega_l + \sqrt{-\frac{{a_{jl}}^{(1)}{a_{lj}}^{(-1)}}{\omega_j\omega_l}} \qquad (4.22)
$$

で与えられる．この場合も，$\boldsymbol{E}^{(k)} = \mathbf{0}$ のとき，式 (3.120)（ただし $n=1$）に一致することがわかる．

以上のことから，いずれの交点の近くでも，**摂動法を用いたシューらの結果は，無限次行列式を二次の行列式で近似したものにほかならないことがわかる．**

ところで，図 4.1 のような $\varepsilon = 0$ の解直線群の位置関係は，ω_l $(l = 1, 2, \ldots, N)$ の値に依存する．もし，いくつかの交点が近接していれば，無限次行列式は少なくともそれらの交点を形成する直線に対応する要素を対角要素にもつような行列式で近似しなければならない．たとえば，図 4.3 の交点 1，2，3，4 が近接しているとすれば，これらの交点は直線

$$
{\omega_l}^2 - z^2, \quad {\omega_j}^2 - (z-\omega)^2, \quad {\omega_l}^2 - (z-\omega)^2, \quad {\omega_j}^2 - z^2
$$

によって形成されているので，式 (4.7) は少なくともこれら四つを対角要素にもつような四次の行列式で近似する必要がある．すなわち次式となる．

$$\begin{vmatrix} {\omega_j}^2-(z-\omega)^2 & 0 & {a_{jj}}^{(-1)} & {a_{jl}}^{(-1)} \\ 0 & {\omega_l}^2-(z-\omega)^2 & {a_{lj}}^{(-1)} & {a_{ll}}^{(-1)} \\ {a_{jj}}^{(1)} & {a_{jl}}^{(1)} & {\omega_j}^2-z^2 & 0 \\ {a_{lj}}^{(1)} & {a_{ll}}^{(1)} & 0 & {\omega_l}^2-z^2 \end{vmatrix}=0 \tag{4.23}$$

これをこのまま展開しても差し支えないが，解曲線が ω 軸に関して上下対称にならないので，上下対称の図形で考えようとするならば，式 (4.8) の方で考えるのがよい．この場合，四次の近似式は

$$\begin{vmatrix} {\omega_j}^2-\left(z-\frac{1}{2}\omega\right)^2 & 0 & {a_{jj}}^{(-1)} & {a_{jl}}^{(-1)} \\ 0 & {\omega_l}^2-\left(z-\frac{1}{2}\omega\right)^2 & {a_{lj}}^{(-1)} & {a_{ll}}^{(-1)} \\ {a_{jj}}^{(1)} & {a_{jl}}^{(1)} & {\omega_j}^2-\left(z+\frac{1}{2}\omega\right)^2 & 0 \\ {a_{lj}}^{(1)} & {a_{ll}}^{(1)} & 0 & {\omega_l}^2-\left(z+\frac{1}{2}\omega\right)^2 \end{vmatrix}$$

$$=0 \tag{4.24}$$

となり，これを式 (4.15) と同様に展開，整理すると次のようになる．

$$z^4-A_1(\omega)z^2+A_2(\omega)z+A_3(\omega)=0 \tag{4.25}$$

ここに，

$$\begin{aligned} A_1(\omega)=&\left(\omega_j-\frac{1}{2}\omega\right)^2+\left(\omega_l-\frac{1}{2}\omega\right)^2 \\ &-\frac{1}{4{\omega_j}^2{\omega_l}^2}\Big\{\omega_j\omega_l\left({a_{jl}}^{(1)}{a_{lj}}^{(-1)}+{a_{lj}}^{(1)}{a_{jl}}^{(-1)}\right) \\ &\qquad +{a_{ll}}^{(1)}{a_{ll}}^{(-1)}{\omega_j}^2+{a_{jj}}^{(1)}{a_{jj}}^{(-1)}{\omega_l}^2\Big\} \\ A_2(\omega)=&\frac{1}{4\omega_j\omega_l}(\omega_j-\omega_l)\left({a_{jl}}^{(1)}{a_{lj}}^{(-1)}-{a_{lj}}^{(1)}{a_{jl}}^{(-1)}\right) \\ A_3(\omega)=&\left(\omega_j-\frac{1}{2}\omega\right)^2\left(\omega_l-\frac{1}{2}\omega\right)^2-\frac{1}{4{\omega_l}^2}{a_{ll}}^{(1)}{a_{ll}}^{(-1)}\left(\omega_j-\frac{1}{2}\omega\right)^2 \\ &-\frac{1}{4{\omega_j}^2}{a_{jj}}^{(1)}{a_{jj}}^{(-1)}\left(\omega_l-\frac{1}{2}\omega\right)^2 \\ &-\frac{{a_{jl}}^{(1)}{a_{lj}}^{(-1)}+{a_{lj}}^{(1)}{a_{jl}}^{(-1)}}{4\omega_j\omega_l}\left(\omega_j-\frac{1}{2}\omega\right)\left(\omega_l-\frac{1}{2}\omega\right) \end{aligned}$$

$$
+\frac{1}{16{\omega_j}^2{\omega_l}^2}\left({a_{jj}}^{(1)}{a_{ll}}^{(1)}-{a_{jl}}^{(1)}{a_{lj}}^{(1)}\right)
\times\left({a_{jj}}^{(-1)}{a_{ll}}^{(-1)}-{a_{lj}}^{(-1)}{a_{jl}}^{(-1)}\right)
$$

である.

四次方程式 (4.25) は，**フェラーリの方法**（Ferrari's method）を用いれば解くことができるので，ω を変化させたとき，4 実数解 z が存在するかどうかを調べれば，不安定領域を求めることができる.

とくに，$\boldsymbol{E}^{(k)}=\boldsymbol{0}$ の場合，

$$
\begin{aligned}
A_1(\omega)&=\left(\omega_j-\frac{1}{2}\omega\right)^2+\left(\omega_l-\frac{1}{2}\omega\right)^2\\
&\quad-\frac{1}{4{\omega_j}^2{\omega_l}^2}\left\{2\omega_j\omega_l{a_{jl}}^{(1)}{a_{lj}}^{(1)}+{a_{ll}}^{(1)2}{\omega_j}^2+{a_{jj}}^{(1)2}{\omega_l}^2\right\}\\
A_2(\omega)&=0\\
A_3(\omega)&=\left(\omega_j-\frac{1}{2}\omega\right)^2\left(\omega_l-\frac{1}{2}\omega\right)^2-\frac{1}{4{\omega_l}^2}{a_{ll}}^{(1)2}\left(\omega_j-\frac{1}{2}\omega\right)^2\\
&\quad-\frac{1}{4{\omega_j}^2}{a_{jj}}^{(1)2}\left(\omega_l-\frac{1}{2}\omega\right)^2\\
&\quad-\frac{1}{2\omega_j\omega_l}{a_{jl}}^{(1)}{a_{lj}}^{(1)}\left(\omega_j-\frac{1}{2}\omega\right)\left(\omega_l-\frac{1}{2}\omega\right)\\
&\quad+\frac{1}{16{\omega_j}^2{\omega_l}^2}\left({a_{jj}}^{(1)}{a_{ll}}^{(1)}-{a_{jl}}^{(1)}{a_{lj}}^{(1)}\right)^2
\end{aligned}
$$

となり，式 (4.25) は z の複二次式となってきわめて簡単に解曲線を描くことができる．その概略図は図 4.4 のようになる．不安定領域の境界は，交点 2，4 の近傍では $z=0$ となる ω で与えられるが，交点 3（図 4.3（b）と同様に，交点 1 は点 3 と ω 軸に関して対称）の近傍では，z が 0 以外の重解をもつような ω で与えられる．こうして，$z=0$ とする ω が不安定領域の境界になるというのは，マシューやヒルの方程式のような一自由度系の場合に限られることがわかる.

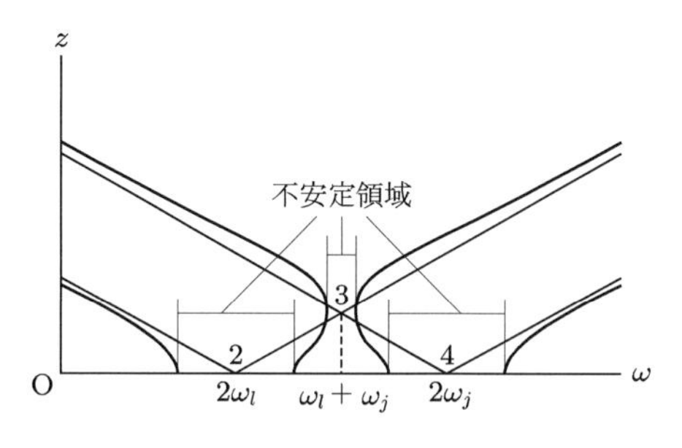

図 4.4　$z=z(\omega)$ の例

4.2 マシューの方程式

すでに 2.3 節でマシューの方程式の特性方程式を求めたが，ここでは振動数 ω を導入した

$$\ddot{x} + (\delta + \varepsilon \cos \omega t)x = 0 \tag{4.26}$$

について考える．これの解を式 (1.71) に対応する指数関数

$$x(t) = e^{\lambda t} \sum_{n=-\infty}^{\infty} c_n e^{j\frac{n\omega t}{2}} \tag*{(1.57)$'$}$$

で表現した場合の特性方程式は，偶数の n に対しては

$$F(z) = \begin{vmatrix} \ddots & \vdots & \vdots & \vdots & \iddots \\ \cdots & \delta - (z-\omega)^2 & \dfrac{\varepsilon}{2} & 0 & \cdots \\ \cdots & \dfrac{\varepsilon}{2} & \delta - z^2 & \dfrac{\varepsilon}{2} & \cdots \\ \cdots & 0 & \dfrac{\varepsilon}{2} & \delta - (z+\omega)^2 & \cdots \\ \iddots & \vdots & \vdots & \vdots & \ddots \end{vmatrix} = 0 \tag{4.27}$$

となり，奇数の n に対しては

$$G(z) = \begin{vmatrix} \ddots & \vdots & \vdots & \vdots & \iddots \\ \cdots & \delta - \left(z - \dfrac{\omega}{2}\right)^2 & \dfrac{\varepsilon}{2} & 0 & \cdots \\ \cdots & \dfrac{\varepsilon}{2} & \delta - \left(z + \dfrac{\omega}{2}\right)^2 & \dfrac{\varepsilon}{2} & \cdots \\ \cdots & 0 & \dfrac{\varepsilon}{2} & \delta - \left(z + \dfrac{3\omega}{2}\right)^2 & \cdots \\ \iddots & \vdots & \vdots & \vdots & \ddots \end{vmatrix}$$
$$= 0 \tag{4.28}$$

となる．

$\varepsilon = 0$ のとき解曲線は

$$z = \pm\sqrt{\delta} - \frac{1}{2}n\omega \qquad (n：\text{整数}) \tag{4.29}$$

のような直線になるので，式 (4.27) に対応する図は，図 4.5 のようになる．この場合の交点は，$\omega = 2\sqrt{\delta}/i$（$i$：整数）に存在し，それらの z 座標は，i が奇数の場合

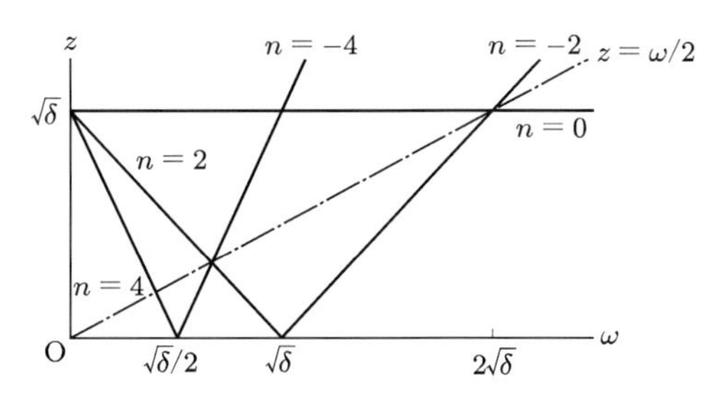

図 **4.5**　マシューの方程式の $\varepsilon = 0$ のときの解直線群（n が偶数のとき）

は $z = \omega/2$，i が偶数ならば $z = 0$ である．これと逆に，式 (4.28) に対応する解直線群の交点の場合は，i が奇数の場合は $z = 0$，i が偶数ならば $z = \omega/2$ である．

次に，$\varepsilon \neq 0$ のときの近似計算を行う．最初に $i = 1$，つまり $\omega = 2\sqrt{\delta}$（**固有円振動数の 2 倍**）での交点の近傍で考える．この交点は，$n = -1$ の直線 $\sqrt{\delta}+(z-\omega/2) = 0$ と，$n = 1$ の直線 $\sqrt{\delta} - (z + \omega/2) = 0$ で形成され，この近傍で，式 (4.28) を二次の行列式で近似すると

$$\begin{vmatrix} \delta - \left(z - \dfrac{\omega}{2}\right)^2 & \dfrac{\varepsilon}{2} \\ \dfrac{\varepsilon}{2} & \delta - \left(z + \dfrac{\omega}{2}\right)^2 \end{vmatrix}$$

$$= \begin{vmatrix} \left\{\sqrt{\delta} - \left(z - \dfrac{\omega}{2}\right)\right\}\left\{\sqrt{\delta} + \left(z - \dfrac{\omega}{2}\right)\right\} & \dfrac{\varepsilon}{2} \\ \dfrac{\varepsilon}{2} & \left\{\sqrt{\delta} - \left(z + \dfrac{\omega}{2}\right)\right\}\left\{\sqrt{\delta} + \left(z + \dfrac{\omega}{2}\right)\right\} \end{vmatrix}$$

$$\fallingdotseq \begin{vmatrix} 2\sqrt{\delta}\left\{\sqrt{\delta} + \left(z - \dfrac{\omega}{2}\right)\right\} & \dfrac{\varepsilon}{2} \\ \dfrac{\varepsilon}{2} & 2\sqrt{\delta}\left\{\sqrt{\delta} - \left(z + \dfrac{\omega}{2}\right)\right\} \end{vmatrix}$$

$$= 4\delta\left\{\left(\sqrt{\delta} - \frac{\omega}{2}\right)^2 - z^2\right\} - \left(\frac{\varepsilon}{2}\right)^2$$

$$= 0 \tag{4.30}$$

となる．よって，交点近傍での曲線の式は

$$z^2 - \left(\sqrt{\delta} - \frac{\omega}{2}\right)^2 = -\left(\frac{\varepsilon}{4\sqrt{\delta}}\right)^2 \tag{4.31}$$

となる．これは**双曲線**の式で，不安定領域の境界，つまり $z = 0$ とする ω は

$$\omega = 2\sqrt{\delta} \pm \frac{\varepsilon}{2\sqrt{\delta}} \tag{4.32}$$

で与えられ，不安定領域は

$$2\sqrt{\delta}-\frac{\varepsilon}{2\sqrt{\delta}}<\omega<2\sqrt{\delta}+\frac{\varepsilon}{2\sqrt{\delta}} \tag{4.32$'$}$$

となる．不安定領域では z は**純虚数**になるので，式 (4.31) において $z^2=-\lambda^2$ とおくと，λ は**実数**となり

$$\lambda^2+\left(\sqrt{\delta}-\frac{\omega}{2}\right)^2=\left(\frac{\varepsilon}{4\sqrt{\delta}}\right)^2 \tag{4.33}$$

なる λ–ω 平面での**楕円**の式が得られる．この不安定領域は $n=-1$ と 1 の成分で求めているので，式 (1.57)$'$ によって**解の発散振動の振動数は** $\omega/2=\sqrt{\delta}$（**固有円振動数**）に近い．

なお，式 (4.30) の 3 行目のような近似を行わなくても不安定領域は求められる．式 (4.30) をそのまま展開すれば

$$\begin{aligned}
&\begin{vmatrix}
\delta-\left(z-\dfrac{\omega}{2}\right)^2 & \dfrac{\varepsilon}{2}\\
\dfrac{\varepsilon}{2} & \delta-\left(z+\dfrac{\omega}{2}\right)^2
\end{vmatrix}\\
&=\begin{vmatrix}
\delta-z^2-\left(\dfrac{\omega}{2}\right)^2+\omega z & \dfrac{\varepsilon}{2}\\
\dfrac{\varepsilon}{2} & \delta-z^2-\left(\dfrac{\omega}{2}\right)^2-\omega z
\end{vmatrix}\\
&=z^4-2z^2\left\{\delta+\left(\frac{\omega}{2}\right)^2\right\}+\left\{\delta-\left(\frac{\omega}{2}\right)^2\right\}^2-\left(\frac{\varepsilon}{2}\right)^2\\
&=0
\end{aligned} \tag{4.30$'$}$$

となり，$z=0$ より不安定領域の境界は

$$\omega=2\sqrt{\delta\pm\frac{\varepsilon}{2}} \tag{4.32$''$}$$

となる．この場合，z–ω 曲線は双曲線にはならず，また，λ–ω 曲線は楕円にならない．

次に，$i=2$，つまり $\omega=\sqrt{\delta}$（**固有円振動数**）での交点の近傍で考えてみる．図 4.5 より，交点 $(\omega=\sqrt{\delta},\ z=0)$ は，$n=-2$ と 2 に対応する直線 $\sqrt{\delta}+(z-\omega)=0$ と $\sqrt{\delta}-(z+\omega)=0$ の交点よりなることがわかるが，式 (4.27) の $n=-2$ と 2 に対応する対角要素は，$n=0$ の対角要素を間に挟んでいるため，式 (4.27) は少なくとも次のような 3 行 3 列の行列式で近似しなければならない．

$$\begin{vmatrix} \delta-(z-\omega)^2 & \dfrac{\varepsilon}{2} & 0 \\ \dfrac{\varepsilon}{2} & \delta-z^2 & \dfrac{\varepsilon}{2} \\ 0 & \dfrac{\varepsilon}{2} & \delta-(z+\omega)^2 \end{vmatrix}$$

$$\fallingdotseq \begin{vmatrix} 2\sqrt{\delta}\{\sqrt{\delta}+(z-\omega)\} & \dfrac{\varepsilon}{2} & 0 \\ \dfrac{\varepsilon}{2} & \delta & \dfrac{\varepsilon}{2} \\ 0 & \dfrac{\varepsilon}{2} & 2\sqrt{\delta}\{\sqrt{\delta}-(z+\omega)\} \end{vmatrix}$$

$$= 4\delta^2\Big\{(\sqrt{\delta}-\omega)^2-z^2\Big\}-\left(\frac{\varepsilon}{2}\right)^2 4\sqrt{\delta}(\sqrt{\delta}-\omega)$$

$$= 0 \tag{4.34}$$

これを変形すれば

$$z^2-\left\{\omega-\sqrt{\delta}+\frac{1}{2\delta\sqrt{\delta}}\left(\frac{\varepsilon}{2}\right)^2\right\}^2=-\left\{\frac{1}{2\delta\sqrt{\delta}}\left(\frac{\varepsilon}{2}\right)^2\right\}^2 \tag{4.35}$$

なる**双曲線**の式が得られ，不安定領域は

$$\sqrt{\delta}-\frac{1}{\delta\sqrt{\delta}}\left(\frac{\varepsilon}{2}\right)^2<\omega<\sqrt{\delta} \tag{4.36}$$

で与えられる．式 (4.35) で $z^2=-\lambda^2$ とおくと，三角関数で表した解から得られる特性方程式によることなく，**楕円**の式

$$\lambda^2+\left\{\omega-\sqrt{\delta}+\frac{1}{2\delta\sqrt{\delta}}\left(\frac{\varepsilon}{2}\right)^2\right\}^2=\left\{\frac{1}{2\delta\sqrt{\delta}}\left(\frac{\varepsilon}{2}\right)^2\right\}^2$$

が得られる．この不安定領域は $n=-2, 0$ と 2 の成分で求めているので，式 (1.57)$'$ によって**解の発散振動の振動数は** $\omega=\sqrt{\delta}$（**固有円振動数**）に近い．

次に，$i=3$，つまり $\omega=2\sqrt{\delta}/3$（**固有円振動数の 2/3**）での交点の近傍で考えてみる．式 (4.28) を用いて

$$\begin{vmatrix} \delta-\left(z-\dfrac{3\omega}{2}\right)^2 & \dfrac{\varepsilon}{2} & 0 & 0 \\ \dfrac{\varepsilon}{2} & \delta-\left(z-\dfrac{\omega}{2}\right)^2 & \dfrac{\varepsilon}{2} & 0 \\ 0 & \dfrac{\varepsilon}{2} & \delta-\left(z+\dfrac{\omega}{2}\right)^2 & \dfrac{\varepsilon}{2} \\ 0 & 0 & \dfrac{\varepsilon}{2} & \delta-\left(z+\dfrac{3\omega}{2}\right)^2 \end{vmatrix}$$

$$
\fallingdotseq \begin{vmatrix} 2\sqrt{\delta}\left\{\sqrt{\delta}+\left(z-\dfrac{3\omega}{2}\right)\right\} & \dfrac{\varepsilon}{2} & 0 & 0 \\ \dfrac{\varepsilon}{2} & \dfrac{8}{9}\delta & \dfrac{\varepsilon}{2} & 0 \\ 0 & \dfrac{\varepsilon}{2} & \dfrac{8}{9}\delta & \dfrac{\varepsilon}{2} \\ 0 & 0 & \dfrac{\varepsilon}{2} & 2\sqrt{\delta}\left\{\sqrt{\delta}-\left(z+\dfrac{3\omega}{2}\right)\right\} \end{vmatrix}
$$

$$
\begin{aligned}
&= -4\delta\left\{\left(\frac{8}{9}\delta\right)^2-\left(\frac{\varepsilon}{2}\right)^2\right\}\left\{z^2-\left(\frac{3\omega}{2}-\sqrt{\delta}\right)^2\right\} \\
&\quad + \frac{32}{9}\delta\sqrt{\delta}\left(\frac{3\omega}{2}-\sqrt{\delta}\right)\left(\frac{\varepsilon}{2}\right)^2+\left(\frac{\varepsilon}{2}\right)^4 \\
&= 0
\end{aligned} \tag{4.37}
$$

が得られ，$z=0$ とおいて不安定領域の境界を求めると

$$
\omega = \frac{2}{3}\sqrt{\delta}-\frac{1}{3\sqrt{\delta}}\frac{\left(\dfrac{\varepsilon}{2}\right)^2}{\dfrac{8\delta}{9}+\dfrac{\varepsilon}{2}}, \quad \frac{2}{3}\sqrt{\delta}-\frac{1}{3\sqrt{\delta}}\frac{\left(\dfrac{\varepsilon}{2}\right)^2}{\dfrac{8\delta}{9}-\dfrac{\varepsilon}{2}} \tag{4.38}
$$

となる．この不安定領域は $n=-3,-1,1$ と 3 の成分で求めているので，式 $(1.57)'$ によって**解の発散振動の振動数は** $3\omega/2=\sqrt{\delta}$（**固有円振動数**）と $\omega/2=\sqrt{\delta}/3$ に近い二つの値となる．

もっと精度のよい不安定領域を求めるには，式 (4.27)，(4.28) の次数をもっと増やさなければならないが，その計算は解析的な近似式によるのではなく，計算機で直接数値計算を実行すればよい．

図 4.6 は，式 (4.27) を要素 $\delta-z^2$ を中心に 15 行 15 列で，あるいは式 (4.28) を 14 行 14 列で近似して求めた不安定領域を表している．ただし，横軸は $\Omega=\omega/\sqrt{\delta}$，縦軸は $E=\varepsilon/\delta$ である．以上のようにして求められた $\Omega=2/i$ $(\omega=2\sqrt{\delta}/i)$ 付近の不安定領域は，**第 i 次不安定領域**とよばれている．

なお，図 4.6 と図 2.2 の対応関係は，次のようになっている．式 (4.26) において

$$
\omega t=\tau, \quad \frac{d}{d\tau}={}'
$$

とおけば，

$$
x''+\frac{\delta}{\omega^2}\left(1+\frac{\varepsilon}{\delta}\cos\tau\right)x=0
$$

あるいは

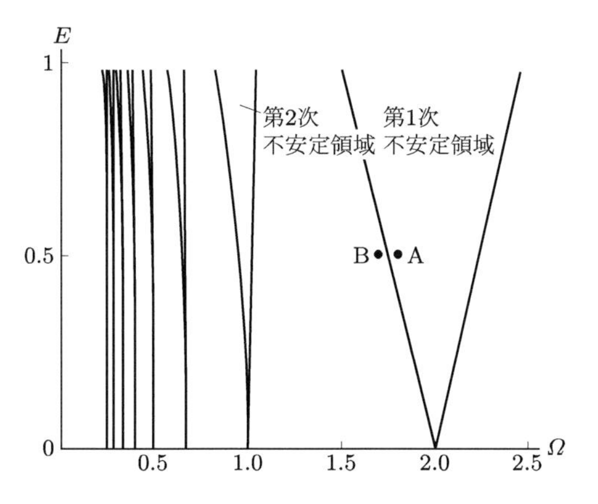

図 4.6　マシューの方程式の不安定領域

$$x'' + \frac{1}{\Omega^2}(1 + E\cos\tau)x = 0 \tag{4.39}$$

となる．一方，図 2.2 の元の式 (1.32) は

$$\ddot{x} + (\delta + \varepsilon\cos t)x = 0$$

である．したがって，図 2.2 の δ は，図 4.6 の $1/\Omega^2$ に対応し，ε は E/Ω^2 ($= E\delta$) に対応している．図 2.2 の $\varepsilon =$ 一定の直線は，図 4.6 では $E = \varepsilon\Omega^2$ なる曲線に対応し，図 4.6 の $E =$ 一定の直線は，図 2.2 の直線 $\varepsilon = E\delta$ に対応している．

図 4.6 の点 A, B に対応する振動波形を図 4.7 に示す．ただし，$\delta = 0.1$, $\varepsilon = 0.05$ $(E = 0.5)$, $x(0) = \dot{x}(0) = 1$ とする．これより，安定領域では波形はうなり振動となり，不安定領域では不安定振動になることが見て取れる．また，うなり振動の，周期係数 1 周期ごとの座標（変位，速度）をプロットしたポアンカレ写像を図（c）に示す．いわゆるリミットサイクルのような閉曲線が得られている．これは，うな

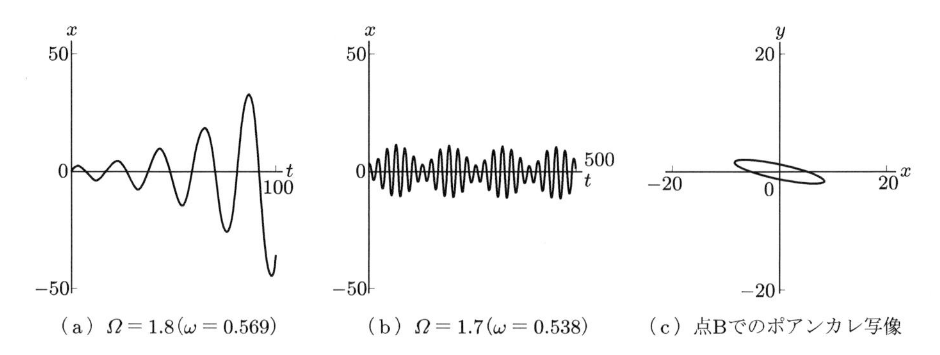

（a）$\Omega = 1.8(\omega = 0.569)$　（b）$\Omega = 1.7(\omega = 0.538)$　（c）点Bでのポアンカレ写像

図 4.7　マシューの方程式の振動波形

り振動が係数の有限の周期ではもとの状態にもどらないことを意味している．

4.3　減衰があるマシューの方程式

次に，マシューの方程式に粘性減衰が加わった式

$$\ddot{x} + 2\beta\dot{x} + (\delta + \varepsilon\cos\omega t)x = 0 \tag{4.40}$$

の安定性を考えてみる．この式は変数変換

$$x = e^{-\beta t}y \tag{4.41}$$

によって

$$\ddot{y} + (\delta - \beta^2 + \varepsilon\cos\omega t)y = 0 \tag{4.42}$$

となるので，前節の δ のかわりに $\delta - \beta^2$ とおけば，特性方程式はすぐに得られる．

$\omega = 2\sqrt{\delta - \beta^2}$ での交点の近傍では，式 (4.28) を 2 行 2 列で近似することにより

$$z^2 - \left(\sqrt{\delta - \beta^2} - \frac{\omega}{2}\right)^2 = -\left(\frac{\varepsilon}{4\sqrt{\delta - \beta^2}}\right)^2 \tag{4.43}$$

となるので，$\lambda = jz$ によって元の λ の式に戻せば

$$\lambda^2 + \left(\sqrt{\delta - \beta^2} - \frac{\omega}{2}\right)^2 = \left(\frac{\varepsilon}{4\sqrt{\delta - \beta^2}}\right)^2 \tag{4.44}$$

となる．式 (4.43) は双曲線，式 (4.44) は楕円を表している（図 4.8）．不安定領域の境界は $z = 0$（点 A，B）ではない．式 (4.41) によって，$\lambda > \beta$ となる ω の範囲（点 C，D の間）が不安定領域となる．これらの境界の ω 座標は

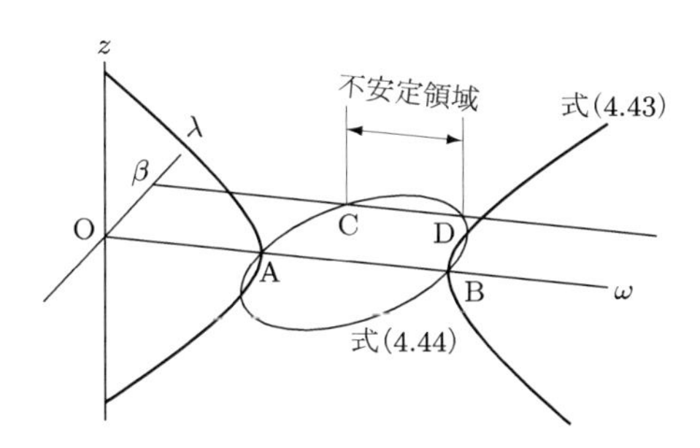

図 **4.8**　減衰があるときの不安定領域

$$\omega = 2\sqrt{\delta - \beta^2} \pm 2\sqrt{\left(\frac{\varepsilon}{4\sqrt{\delta - \beta^2}}\right)^2 - \beta^2} \tag{4.45}$$

で与えられる．

次に，$\omega = \sqrt{\delta - \beta^2}$ での交点の近傍で考えてみる．式 (4.35) より近似特性方程式は

$$z^2 - \left\{\omega - \sqrt{\delta - \beta^2} + \frac{1}{2(\delta - \beta^2)^{3/2}}\left(\frac{\varepsilon}{2}\right)^2\right\}^2 = -\left\{\frac{1}{2(\delta - \beta^2)^{3/2}}\left(\frac{\varepsilon}{2}\right)^2\right\}^2 \tag{4.46}$$

となり，λ と ω の関係は

$$\lambda^2 + \left\{\omega - \sqrt{\delta - \beta^2} + \frac{1}{2(\delta - \beta^2)^{3/2}}\left(\frac{\varepsilon}{2}\right)^2\right\}^2 = \left\{\frac{1}{2(\delta - \beta^2)^{3/2}}\left(\frac{\varepsilon}{2}\right)^2\right\}^2 \tag{4.47}$$

となる．$\lambda > \beta$ となる ω の範囲が不安定領域となるので，この境界の ω 座標は

$$\omega = \sqrt{\delta - \beta^2} - \frac{(\varepsilon/2)^2}{2(\delta - \beta^2)^{3/2}} \pm \sqrt{\left\{\frac{(\varepsilon/2)^2}{2(\delta - \beta^2)^{3/2}}\right\}^2 - \beta^2} \tag{4.48}$$

となる．

今度は $\omega = 2\sqrt{\delta - \beta^2}/3$ での交点の近傍で考えてみる．式 (4.37) より次式を得る．

$$\begin{aligned}
&4(\delta - \beta^2)\left[\left\{\frac{8}{9}(\delta - \beta^2)\right\}^2 - \left(\frac{\varepsilon}{2}\right)^2\right]\left\{z^2 - \left(\frac{3\omega}{2} - \sqrt{\delta - \beta^2}\right)^2\right\} \\
&= \frac{32}{9}(\delta - \beta^2)^{3/2}\left(\frac{3\omega}{2} - \sqrt{\delta - \beta^2}\right)\left(\frac{\varepsilon}{2}\right)^2 + \left(\frac{\varepsilon}{2}\right)^4
\end{aligned}$$

これを変形して

$$\begin{aligned}
&z^2 - \left[\frac{3\omega}{2} - \sqrt{\delta - \beta^2} + \frac{4}{9}\frac{\sqrt{\delta - \beta^2}\left(\frac{\varepsilon}{2}\right)^2}{\left\{\frac{8}{9}(\delta - \beta^2)\right\}^2 - \left(\frac{\varepsilon}{2}\right)^2}\right]^2 \\
&= -\left[\frac{\left(\frac{\varepsilon}{2}\right)^2}{\left\{\frac{8}{9}(\delta - \beta^2)\right\}^2 - \left(\frac{\varepsilon}{2}\right)^2}\right]^2\left(\frac{\frac{\varepsilon}{2}}{2\sqrt{\delta - \beta^2}}\right)^2
\end{aligned} \tag{4.49}$$

が得られる．不安定領域の境界は，$z^2 = -\lambda^2 = -\beta^2$ とおいて

$$\omega = \frac{2}{3}\sqrt{\delta-\beta^2} - \frac{8}{27}\frac{\sqrt{\delta-\beta^2}\left(\dfrac{\varepsilon}{2}\right)^2}{\left\{\dfrac{8}{9}(\delta-\beta^2)\right\}^2-\left(\dfrac{\varepsilon}{2}\right)^2}$$
$$\pm\frac{2}{3}\sqrt{\left[\frac{\left(\dfrac{\varepsilon}{2}\right)^2}{\left\{\dfrac{8}{9}(\delta-\beta^2)\right\}^2-\left(\dfrac{\varepsilon}{2}\right)^2}\right]^2\left(\frac{\dfrac{\varepsilon}{2}}{2\sqrt{\delta-\beta^2}}\right)^2-\beta^2} \tag{4.50}$$

となる．ここで，$\beta = 0$ とおけば，もちろん，式 (4.38) と一致する．

特性方程式の行列式の次数を増やしてさらに精度のよい不安定領域を求めようという場合，式 (4.27) あるいは式 (4.28)（ただし，いまの減衰系の場合，δ を $\delta-\beta^2$ に変更しなければならない）を用いても，不安定領域の境界では $z = 0$ ではなく $z = -j\beta$（$\lambda = jz = \beta$ による）であるので，境界の ω の値を求めることは簡単ではない．行列式のすべての要素を実数にするためには，付録 2.1 で示したのと同様に，三角関数で表示した解

$$x = e^{\lambda t}\left\{a_0 + \sum_{n=1}^{\infty}\left(a_n\cos\frac{1}{2}n\omega t + b_n\sin\frac{1}{2}n\omega t\right)\right\} \tag{4.51}$$

を用いて特性方程式を導くのがよい．これを式 (4.42) にではなく式 (4.40) に代入して特性方程式を求めると，偶数の n については

$$F(\lambda) = \begin{vmatrix} \lambda^2+2\beta\lambda+\delta & \dfrac{\varepsilon}{2} & 0 & 0 & \cdots \\ \varepsilon & \lambda^2+2\beta\lambda+\delta-\omega^2 & 2(\lambda+\beta)\omega & \dfrac{\varepsilon}{2} & \cdots \\ 0 & -2(\lambda+\beta)\omega & \lambda^2+2\beta\lambda+\delta-\omega^2 & 0 & \cdots \\ 0 & \dfrac{\varepsilon}{2} & 0 & \lambda^2+2\beta\lambda+\delta-(2\omega)^2 & \cdots \\ \vdots & \vdots & \vdots & \vdots & \ddots \end{vmatrix}$$
$$= 0 \tag{4.52}$$

奇数の n については

$$G(\lambda) = \begin{vmatrix} \lambda^2+2\beta\lambda+\delta-\left(\dfrac{\omega}{2}\right)^2+\dfrac{\varepsilon}{2} & (\lambda+\beta)\omega & \dfrac{\varepsilon}{2} & \cdots \\ -(\lambda+\beta)\omega & \lambda^2+2\beta\lambda+\delta-\left(\dfrac{\omega}{2}\right)^2-\dfrac{\varepsilon}{2} & 0 & \cdots \\ \dfrac{\varepsilon}{2} & 0 & \lambda^2+2\beta\lambda+\delta-\left(\dfrac{3\omega}{2}\right)^2 & \cdots \\ 0 & \dfrac{\varepsilon}{2} & -3(\lambda+\beta)\omega & \cdots \\ \vdots & \vdots & \vdots & \ddots \end{vmatrix}$$
$$= 0 \tag{4.53}$$

となる．ここで，$\beta = 0$ とおけば，当然不減衰系 (4.26) に対する特性方程式，すなわち

$$F(\lambda) = \begin{vmatrix} \lambda^2+\delta & \dfrac{\varepsilon}{2} & 0 & 0 & 0 & \cdots \\ \varepsilon & \lambda^2+\delta-\omega^2 & 2\lambda\omega & \dfrac{\varepsilon}{2} & 0 & \cdots \\ 0 & -2\lambda\omega & \lambda^2+\delta-\omega^2 & 0 & \dfrac{\varepsilon}{2} & \cdots \\ 0 & \dfrac{\varepsilon}{2} & 0 & \lambda^2+\delta-(2\omega)^2 & 4\lambda\omega & \cdots \\ 0 & 0 & \dfrac{\varepsilon}{2} & -4\lambda\omega & \lambda^2+\delta-(2\omega)^2 & \cdots \\ \vdots & \vdots & \vdots & \vdots & \vdots & \ddots \end{vmatrix}$$
$$= 0 \tag{4.54}$$

および

$$G(\lambda) = \begin{vmatrix} \lambda^2+\delta-\left(\frac{\omega}{2}\right)^2+\frac{\varepsilon}{2} & \lambda\omega & \frac{\varepsilon}{2} & 0 & \cdots \\ -\lambda\omega & \lambda^2+\delta-\left(\frac{\omega}{2}\right)^2-\frac{\varepsilon}{2} & 0 & \frac{\varepsilon}{2} & \cdots \\ \frac{\varepsilon}{2} & 0 & \lambda^2+\delta-\left(\frac{3\omega}{2}\right)^2 & 3\lambda\omega & \cdots \\ 0 & \frac{\varepsilon}{2} & -3\lambda\omega & \lambda^2+\delta-\left(\frac{3\omega}{2}\right)^2 & \cdots \\ \vdots & \vdots & \vdots & \vdots & \ddots \end{vmatrix}$$
$$= 0 \tag{4.55}$$

が得られる．

さて，いま考えている減衰系の式 (4.52) は，偶数の n に対するもので，λ–ω 線図の概略は図 4.9（a）のようになり，式 (4.53) は奇数の n に対するもので，図 4.9（b）のように，図（a）を λ の虚数軸方向に $\omega/2$ だけずらせたものとなる．これらの図の太線は，$\lambda = -\beta$ なる面に含まれる（実部が $-\beta$ の）複素数 λ と ω の関係を示している．式 (4.52) より得られる実数解 λ の曲線は，図（a）の $\omega = 2\sqrt{\delta - \beta^2}/i$（$i$：偶数）付近の楕円状のものであり，式 (4.53) による実数解 λ の曲線は，図（b）の $\omega = 2\sqrt{\delta - \beta^2}/i$（$i$：奇数）付近の楕円状のものである．これらの曲線が $\mathrm{Re}\,\lambda > 0$ であるような ω の範囲が不安定領域である．

さきに求めた式 (4.43)，(4.44)，(4.46)，(4.47)，(4.49) といった双曲線や楕円の式は，図 4.9 の曲線を $\mathrm{Re}\,\lambda$ の正の方向に β だけ平行移動させたものの近似式である．

以上のようにして求めた減衰係数 β と不安定領域の関係を図 4.10 に示す．ただし，横軸は図 4.6 と同じく $\Omega = \omega/\sqrt{\delta}$ であり，縦軸は同じく $E = \varepsilon/\delta$ である．

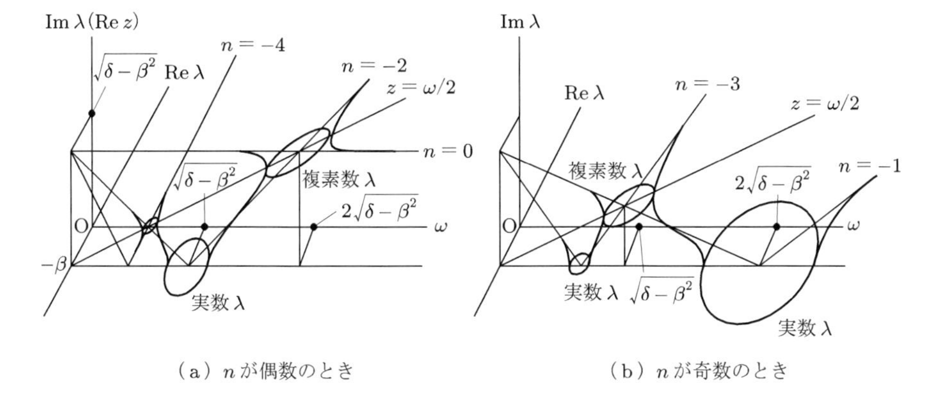

（a）n が偶数のとき　　（b）n が奇数のとき

図 **4.9**　減衰系の λ–ω 線図の概略図

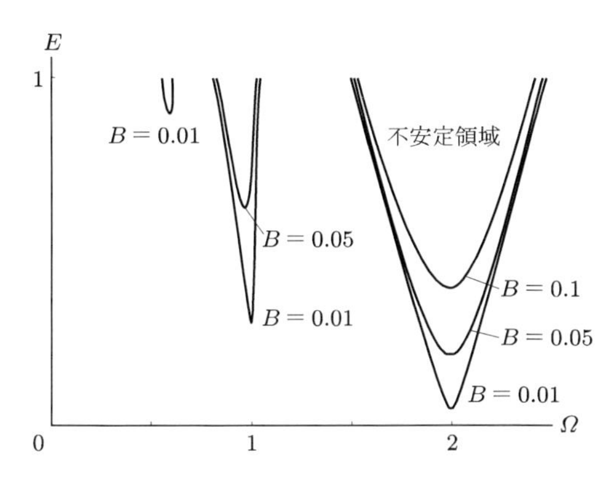

図 **4.10**　減衰系の不安定領域

減衰係数は $B=\beta/\sqrt{\delta}$ としている．B が大きくなるにつれて高次の不安定領域が急速に消滅するのがわかる．このことから，系が本質的にパラメータ励振系であることを避けることができない場合，**不安定振動を除去するには減衰を付加しなければならない**ことがわかる．第 1 章で紹介したパンタグラフの振動も，減衰を付加することによって解決している（付録 4.1 参照）．

4.4　マイスナーの方程式

ヒルの方程式の特別な場合である周期係数が矩形波状に変化するマイスナーの方程式は，区分的に定係数であるために，不安定領域を厳密に求めることができる数少ない例の一つである．したがって，前節までの近似解法の精度を検討するのに適している．

減衰がないマイスナーの方程式は

$$\ddot{x} + \bigl\{\delta + \varepsilon\,\mathrm{sgn}(\sin\omega t)\bigr\}x = 0 \tag{4.56}$$

のように表される．これを変形すれば，

$$\ddot{x} + \sum_{k=-\infty}^{\infty} a_k e^{jk\omega t} x = 0 \tag{4.57}$$

となる．ここに，

$$a_0 = \delta$$
$$a_k = -j\frac{2\varepsilon}{k\pi} = -j\frac{b}{k} \qquad \left(b = \frac{2\varepsilon}{\pi},\quad k：\text{奇数}\right)$$

k が偶数のときは $a_k = 0$ である．

式 (4.57) の解を

$$x = \sum_{n=-\infty}^{\infty} c_n e^{j\left(z + \frac{n}{2}\omega\right)t} \tag{4.58}$$

とおけば，4.1 節の手法によって，偶数の n に対する特性方程式は

$$f(z) = \begin{vmatrix} \ddots & \vdots & \vdots & \vdots & \vdots & ⋰ \\ \cdots & \delta-(z-\omega)^2 & -b & 0 & -\dfrac{b}{3} & \cdots \\ \cdots & -b & \delta - z^2 & b & 0 & \cdots \\ \cdots & 0 & b & \delta-(z+\omega)^2 & -b & \cdots \\ \cdots & -\dfrac{b}{3} & 0 & -b & \delta-(z+2\omega)^2 & \cdots \\ ⋰ & \vdots & \vdots & \vdots & \vdots & \ddots \end{vmatrix} = 0 \tag{4.59}$$

奇数の n に対するものは

$$g(z) = \begin{vmatrix} \ddots & \vdots & \vdots & \vdots & \vdots & \iddots \\ \cdots & \delta - \left(z - \frac{3\omega}{2}\right)^2 & b & 0 & \frac{b}{3} & \cdots \\ \cdots & b & \delta - \left(z - \frac{\omega}{2}\right)^2 & -b & 0 & \cdots \\ \cdots & 0 & -b & \delta - \left(z + \frac{\omega}{2}\right)^2 & b & \cdots \\ \cdots & \frac{b}{3} & 0 & b & \delta - \left(z + \frac{3\omega}{2}\right)^2 & \cdots \\ \iddots & \vdots & \vdots & \vdots & \vdots & \ddots \end{vmatrix} = 0 \tag{4.60}$$

となる.

4.4.1 近似解

これらの近似解は次のようになる.

第 1 次の不安定領域（$\omega = 2\sqrt{\delta}$ 付近）の近傍では，式 (4.60) は

$$z^2 - \left(\sqrt{\delta} - \frac{\omega}{2}\right)^2 = -\left(\frac{b}{2\sqrt{\delta}}\right)^2$$

と近似され，不安定領域の境界は

$$\omega = 2\sqrt{\delta} \pm \frac{b}{\sqrt{\delta}} \tag{4.61}$$

で与えられる.

第 2 次の不安定領域（$\omega = \sqrt{\delta}$ 付近）の境界は，式 (4.36) を参照して

$$\omega = \sqrt{\delta} - \frac{1}{\delta\sqrt{\delta}}b^2, \quad \sqrt{\delta} \tag{4.62}$$

となる．第 3 次不安定領域（$\omega = 2\sqrt{\delta}/3$ 付近）の境界は，式 (4.60) に示してある 4 行 4 列の行列式を展開して ω について解かなければならないので，マシューの方程式の場合よりも一層複雑になる.

4.4.2 厳密解

次に，不安定領域の厳密な境界を求める．式 (4.56) は，時間 $t = \pi/\omega$ ごとに

$$\ddot{x} + (\delta + \varepsilon)x = 0 \tag{i}$$

$$\ddot{x} + (\delta - \varepsilon)x = 0 \tag{ii}$$

となる．式 (i) の一般解は

$$x = A\cos\sqrt{\delta+\varepsilon}\,t + B\sin\sqrt{\delta+\varepsilon}\,t \tag{4.63}$$

となり，これを微分すれば

$$\dot{x} = \sqrt{\delta+\varepsilon}\bigl(-A\sin\sqrt{\delta+\varepsilon}\,t + B\cos\sqrt{\delta+\varepsilon}\,t\bigr) \tag{4.64}$$

となり，式 (ii) の一般解は，$\delta > \varepsilon$ のとき

$$x = A\cos\sqrt{\delta-\varepsilon}\,t + B\sin\sqrt{\delta-\varepsilon}\,t \qquad (\delta > \varepsilon) \tag{4.65}$$

となるので，これを微分すれば

$$\dot{x} = \sqrt{\delta-\varepsilon}\bigl(-A\sin\sqrt{\delta-\varepsilon}\,t + B\cos\sqrt{\delta-\varepsilon}\,t\bigr) \tag{4.66}$$

となる．したがって，ある初期条件から出発したときの解の挙動は，これらの解を順次つなぎ合わせればよいが，いま問題にしている不安定領域の境界では，解は周期 $T = 2\pi/\omega$ または $T = 4\pi/\omega$ をもつ周期解でなければならない．

まず，周期 $T = 2\pi/\omega$ の周期解をもつ境界を求める．式 (i) の周期解の初期条件を，$t = 0$ のとき $x = x_{10}$，$\dot{x} = \dot{x}_{10}$，式 (ii) のそれらを $t = 0$ のとき $x = x_{20}$，$\dot{x} = \dot{x}_{20}$ とおけば，周期性の条件は，時間 $t = \pi/\omega$ ごとに解が切り替わることから

$$\left.\begin{aligned}\begin{bmatrix} x(\pi/\omega) \\ \dot{x}(\pi/\omega) \end{bmatrix}_{(\mathrm{i})} &= \begin{bmatrix} x_{20} \\ \dot{x}_{20} \end{bmatrix} \\ \begin{bmatrix} x(\pi/\omega) \\ \dot{x}(\pi/\omega) \end{bmatrix}_{(\mathrm{ii})} &= \begin{bmatrix} x_{10} \\ \dot{x}_{10} \end{bmatrix}\end{aligned}\right\} \tag{4.67}$$

となるので，ここに，式 (4.63)〜(4.66) を代入して整理すると

$$\begin{aligned}\begin{bmatrix} x_{10} \\ \dot{x}_{10} \end{bmatrix} = &\begin{bmatrix} \cos\sqrt{\delta-\varepsilon}\,\dfrac{\pi}{\omega} & \dfrac{1}{\sqrt{\delta-\varepsilon}}\sin\sqrt{\delta-\varepsilon}\,\dfrac{\pi}{\omega} \\ -\sqrt{\delta-\varepsilon}\sin\sqrt{\delta-\varepsilon}\,\dfrac{\pi}{\omega} & \cos\sqrt{\delta-\varepsilon}\,\dfrac{\pi}{\omega} \end{bmatrix} \\ &\begin{bmatrix} \cos\sqrt{\delta+\varepsilon}\,\dfrac{\pi}{\omega} & \dfrac{1}{\sqrt{\delta+\varepsilon}}\sin\sqrt{\delta+\varepsilon}\,\dfrac{\pi}{\omega} \\ -\sqrt{\delta+\varepsilon}\sin\sqrt{\delta+\varepsilon}\,\dfrac{\pi}{\omega} & \cos\sqrt{\delta+\varepsilon}\,\dfrac{\pi}{\omega} \end{bmatrix}\begin{bmatrix} x_{10} \\ \dot{x}_{10} \end{bmatrix}\end{aligned} \tag{4.68}$$

が得られる．これが非自明解 x_{10}，$\dot{x}_{10}$ をもつための必要十分条件は

$$\cos\sqrt{\delta-\varepsilon}\,\frac{\pi}{\omega}\cos\sqrt{\delta+\varepsilon}\,\frac{\pi}{\omega}-\frac{\delta}{\sqrt{\delta^2-\varepsilon^2}}\sin\sqrt{\delta-\varepsilon}\,\frac{\pi}{\omega}\sin\sqrt{\delta+\varepsilon}\,\frac{\pi}{\omega}=1 \tag{4.69}$$

となり，これが不安定領域の境界を表すものである．

次に，周期 $T=4\pi/\omega$ の周期解をもつ境界を求める．式 (i) の周期解の初期条件を，$t=0$ のとき $x=x_{10}$，$\dot{x}=\dot{x}_{10}$，式 (ii) のそれらを $t=0$ のとき $x=x_{20}$，$\dot{x}=\dot{x}_{20}$ とおけば，周期性の条件は，時間 $t=\pi/\omega$ ごとに解が切り替わることから

$$\left.\begin{aligned}\begin{bmatrix} x(\pi/\omega) \\ \dot{x}(\pi/\omega) \end{bmatrix}_{\text{(i)}} &= \begin{bmatrix} x_{20} \\ \dot{x}_{20} \end{bmatrix} \\ \begin{bmatrix} x(\pi/\omega) \\ \dot{x}(\pi/\omega) \end{bmatrix}_{\text{(ii)}} &= -\begin{bmatrix} x_{10} \\ \dot{x}_{10} \end{bmatrix}\end{aligned}\right\} \tag{4.70}$$

となるので，ここに式 (4.63)〜(4.66) を代入して整理すると

$$\begin{aligned}\begin{bmatrix} x_{10} \\ \dot{x}_{10} \end{bmatrix} = -&\begin{bmatrix} \cos\sqrt{\delta-\varepsilon}\,\dfrac{\pi}{\omega} & \dfrac{1}{\sqrt{\delta-\varepsilon}}\sin\sqrt{\delta-\varepsilon}\,\dfrac{\pi}{\omega} \\ -\sqrt{\delta-\varepsilon}\sin\sqrt{\delta-\varepsilon}\,\dfrac{\pi}{\omega} & \cos\sqrt{\delta-\varepsilon}\,\dfrac{\pi}{\omega} \end{bmatrix} \\ &\begin{bmatrix} \cos\sqrt{\delta+\varepsilon}\,\dfrac{\pi}{\omega} & \dfrac{1}{\sqrt{\delta+\varepsilon}}\sin\sqrt{\delta+\varepsilon}\,\dfrac{\pi}{\omega} \\ -\sqrt{\delta+\varepsilon}\sin\sqrt{\delta+\varepsilon}\,\dfrac{\pi}{\omega} & \cos\sqrt{\delta+\varepsilon}\,\dfrac{\pi}{\omega} \end{bmatrix}\begin{bmatrix} x_{10} \\ \dot{x}_{10} \end{bmatrix}\end{aligned} \tag{4.71}$$

が得られる．これが非自明解 x_{10}，$\dot{x}_{10}$ をもつための必要十分条件は

$$\cos\sqrt{\delta-\varepsilon}\,\frac{\pi}{\omega}\cos\sqrt{\delta+\varepsilon}\,\frac{\pi}{\omega}-\frac{\delta}{\sqrt{\delta^2-\varepsilon^2}}\sin\sqrt{\delta-\varepsilon}\,\frac{\pi}{\omega}\sin\sqrt{\delta+\varepsilon}\,\frac{\pi}{\omega}=-1 \tag{4.72}$$

となる．以上は $\delta>\varepsilon$ の場合であった．

$\varepsilon>\delta$ の場合には，式 (ii) の一般解が式 (4.65)，(4.66) のかわりに

$$\left.\begin{aligned} x &= A\cosh\sqrt{\varepsilon-\delta}\,t+B\sinh\sqrt{\varepsilon-\delta}\,t \qquad (\varepsilon>\delta) \\ \dot{x} &= \sqrt{\varepsilon-\delta}\big(A\sinh\sqrt{\varepsilon-\delta}\,t+B\cosh\sqrt{\varepsilon-\delta}\,t\big)\end{aligned}\right\} \tag{4.73}$$

となる．この場合も同様にして，境界を表す式は，周期 $T=2\pi/\omega$ の周期解をもつ境界については

$$\cosh\sqrt{\varepsilon-\delta}\,\frac{\pi}{\omega}\cos\sqrt{\delta+\varepsilon}\,\frac{\pi}{\omega}-\frac{\delta}{\sqrt{\varepsilon^2-\delta^2}}\sinh\sqrt{\varepsilon-\delta}\,\frac{\pi}{\omega}\sin\sqrt{\delta+\varepsilon}\,\frac{\pi}{\omega}=1 \tag{4.74}$$

周期 $T=4\pi/\omega$ の周期解をもつ境界については

$$\cosh\sqrt{\varepsilon-\delta}\,\frac{\pi}{\omega}\cos\sqrt{\delta+\varepsilon}\,\frac{\pi}{\omega}-\frac{\delta}{\sqrt{\varepsilon^2-\delta^2}}\sinh\sqrt{\varepsilon-\delta}\,\frac{\pi}{\omega}\sin\sqrt{\delta+\varepsilon}\,\frac{\pi}{\omega}=-1 \tag{4.75}$$

となる．

図 4.11 の実線は厳密な境界，破線は式 (4.61)，(4.62) による近似解である．

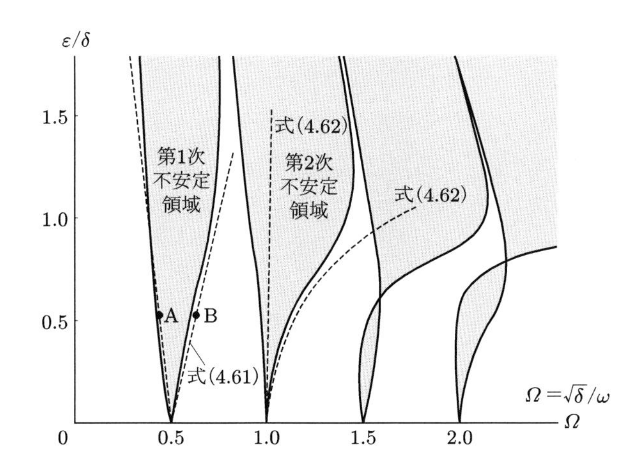

図 **4.11**　マイスナーの方程式の不安定領域の境界

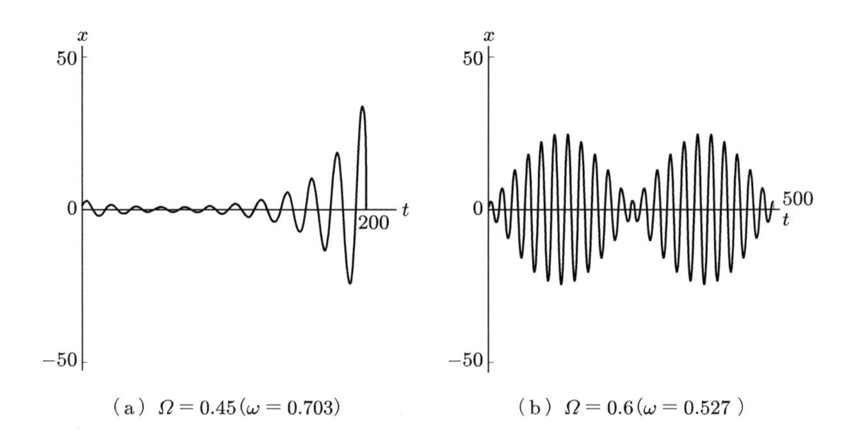

（a） $\Omega=0.45\,(\omega=0.703)$　　（b） $\Omega=0.6\,(\omega=0.527)$

図 **4.12**　マイスナーの方程式の振動波形

図 4.11 の点 A, B に対応する振動波形を図 4.12 に示す．ただし, $\delta = 0.1$, $\varepsilon = 0.05$ $(E = 0.5)$, $x(0) = \dot{x}(0) = 1$ とする．

4.5　減衰項も周期関数の場合

第 1 章で紹介したように，ぶらんこの運動方程式は，減衰項も復元力の項も周期関数であるパラメータ励振系になる．

また，減衰にも非線形性を有する一自由度非線形振動系における強制振動の定常周期解の安定性を判別しようとすると，いくつかの判別法があるが，定常周期解からの微小変分についての線形微分方程式を用いる方法では，減衰項も周期関数であるようなパラメータ励振系の原点の安定判別に行き着く．ここではまず，これについて簡単に述べる．

たとえば，非線形ばねと非線形ダッシュポットで支えられた質量の強制振動を考える場合，次のような運動方程式を取り扱う．

$$m\ddot{x} + c(\dot{x}) + f(x) = P_0 \sin \omega t \tag{4.76}$$

これの周期解を

$$x_P = A \sin(\omega t + \alpha) \tag{4.77}$$

と仮定して，$A = A(\omega)$ と $\alpha = \alpha(\omega)$ を求めるが，その周期解が実現するかどうかは，周期解の安定性に依存する．安定性は，周期解に微小な乱れ y を付加し，その乱れ y が時間とともに発散するかどうかを調べる．そこで，微小乱れがある解を

$$x = x_P + y \tag{4.78}$$

とおいて，式 (4.76) に代入すると，

$$m\ddot{x}_P + m\ddot{y} + c(\dot{x}_P + \dot{y}) + f(x_P + y) = P_0 \sin \omega t \tag{4.79}$$

となる．非線形項のテイラー展開を一次の微小量の項までで近似すれば

$$m\ddot{x}_P + m\ddot{y} + c(\dot{x}_P) + \left.\frac{\partial c}{\partial \dot{x}}\right|_{\dot{x}=\dot{x}_P} \dot{y} + f(x_P) + \left.\frac{\partial f}{\partial x}\right|_{x=x_P} y = P_0 \sin \omega t \tag{4.80}$$

となり，周期解が満たすべき式

$$m\ddot{x}_P + c(\dot{x}_P) + f(x_P) = P_0 \sin \omega t \tag{4.81}$$

を考慮すると

$$m\ddot{y} + \left.\frac{\partial c}{\partial \dot{x}}\right|_{\dot{x}=\dot{x}_P} \dot{y} + \left.\frac{\partial f}{\partial x}\right|_{x=x_P} y = 0 \tag{4.82}$$

が得られる．これは 4.4 節の式 (4.40) とは異なり，減衰項も周期関数であるようなパラメータ励振系である．

これを改めて

$$\ddot{x} + b(t)\dot{x} + c(t)x = 0 \tag{4.83}$$

とおいてみる．ただし

$$b(t) = \sum_{k=-\infty}^{\infty} b_k e^{jk\omega t}, \quad c(t) = \sum_{k=-\infty}^{\infty} c_k e^{jk\omega t}$$

とし，b_k，c_k は定数とする．これの解を

$$x = \sum_{n=-\infty}^{\infty} \phi_n e^{\left(\lambda + j\frac{n}{2}\omega\right)t} \tag{4.84}$$

とおくと，これまでと同じようにして偶数の n についての特性方程式は

$$F(\lambda) = \begin{vmatrix} \ddots & \vdots & \vdots & \vdots & \iddots \\ \cdots & (\lambda - j\omega)^2 + b_0(\lambda - j\omega) + c_0 & b_{-1}\lambda + c_{-1} & b_{-2}(\lambda + j\omega) + c_{-2} & \cdots \\ \cdots & b_1(\lambda - j\omega) + c_1 & \lambda^2 + b_0\lambda + c_0 & b_{-1}(\lambda + j\omega) + c_{-1} & \cdots \\ \cdots & b_2(\lambda - j\omega) + c_2 & b_1\lambda + c_1 & (\lambda + j\omega)^2 + b_0(\lambda + j\omega) + c_0 & \cdots \\ \iddots & \vdots & \vdots & \vdots & \ddots \end{vmatrix}$$

$$= 0 \tag{4.85}$$

となり，奇数の n については

$$G(\lambda) = \begin{vmatrix} \ddots & \vdots & \vdots & \vdots & \iddots \\ \cdots & \left(\lambda - j\frac{3}{2}\omega\right)^2 + b_0\left(\lambda - j\frac{3}{2}\omega\right) + c_0 & b_{-1}\left(\lambda - j\frac{1}{2}\omega\right) + c_{-1} & b_{-2}\left(\lambda + j\frac{1}{2}\omega\right) + c_{-2} & \cdots \\ \cdots & b_1\left(\lambda - j\frac{3}{2}\omega\right) + c_1 & \left(\lambda - j\frac{1}{2}\omega\right)^2 + b_0\left(\lambda - j\frac{1}{2}\omega\right) + c_0 & b_{-1}\left(\lambda + j\frac{1}{2}\omega\right) + c_{-1} & \cdots \\ \cdots & b_2\left(\lambda - j\frac{3}{2}\omega\right) + c_2 & b_1\left(\lambda - j\frac{1}{2}\omega\right) + c_1 & \left(\lambda + j\frac{1}{2}\omega\right)^2 + b_0\left(\lambda + j\frac{1}{2}\omega\right) + c_0 & \cdots \\ \iddots & \vdots & \vdots & \vdots & \ddots \end{vmatrix}$$

$$= 0 \tag{4.86}$$

となる．この場合，λ は一般に複素数なので，とくに純虚数の場合とか実数の場合

とかに分けて考えることはできないが，不安定領域の境界に限っていえば，実部が 0 であるので λ は純虚数となる．その場合でも複素数要素からなる高次の行列式の計算が必要となる．ここでは簡単な近似計算法のみを示すこととする．

まず，式 (4.85) において $b_k = c_k = 0$ $(k \neq 0)$ の場合を考えると

$$\left(\lambda + j\frac{n}{2}\omega\right)^2 + b_0\left(\lambda + j\frac{n}{2}\omega\right) + c_0 = 0 \qquad (n：偶数) \tag{4.87}$$

を得る．これの解は

$$\lambda = -j\frac{n}{2}\omega + \frac{1}{2}(-b_0 \pm \sqrt{{b_0}^2 - 4c_0}) = -j\frac{n}{2}\omega + \begin{bmatrix} \lambda_1 \\ \lambda_2 \end{bmatrix} \tag{4.88}$$

のように書くことができる．λ_1 と λ_2 は一般には共役な複素数である．この λ と ω の関係の概略図は，図 4.13 のようになる．

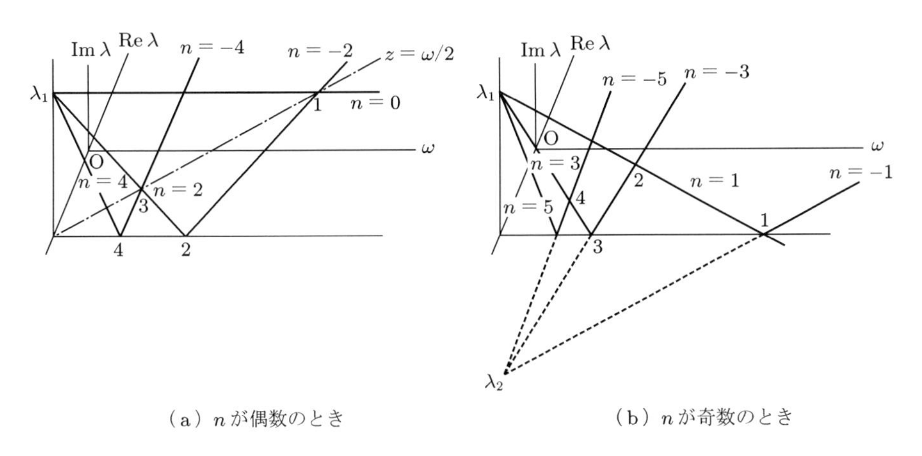

（a）n が偶数のとき　（b）n が奇数のとき

図 4.13　定係数の場合の λ と ω の関係

式 (4.86)（n：奇数）に対するものは，式 (4.88) の λ を $j\frac{1}{2}\omega$ だけずれたものとなる．

不安定領域があるとすれば，図 4.13 の直線の交点付近にあり，図 4.13 の交点の番号はその不安定領域（存在すれば）の次数を表している．

交点 1 の近傍では，曲線を上下対称にするため式 (4.86) を次のように近似するとよい．

$$
\begin{vmatrix}
\left(\lambda - j\dfrac{1}{2}\omega\right)^2 + b_0\left(\lambda - j\dfrac{1}{2}\omega\right) + c_0 & b_{-1}\left(\lambda + j\dfrac{1}{2}\omega\right) + c_{-1} \\
b_1\left(\lambda - j\dfrac{1}{2}\omega\right) + c_1 & \left(\lambda + j\dfrac{1}{2}\omega\right)^2 + b_0\left(\lambda + j\dfrac{1}{2}\omega\right) + c_0
\end{vmatrix}
$$

$$
\fallingdotseq (2\lambda_I)^2\left\{\left(\frac{1}{2}X\right)^2 - Y^2\right\} - (b_{-1}\lambda_1 + c_{-1})(b_1\lambda_2 + c_1)
$$

$$
= 0 \tag{4.89}
$$

ここに

$$
\begin{bmatrix} \lambda_1 \\ \lambda_2 \end{bmatrix} = \lambda_R \pm j\lambda_I, \quad X = \omega - 2\lambda_I, \quad Y = -j(\lambda - \lambda_R)
$$

となる．式 (4.89) の $X-Y$ 曲線の概略図は，図 4.14 の太線のような双曲線になる．

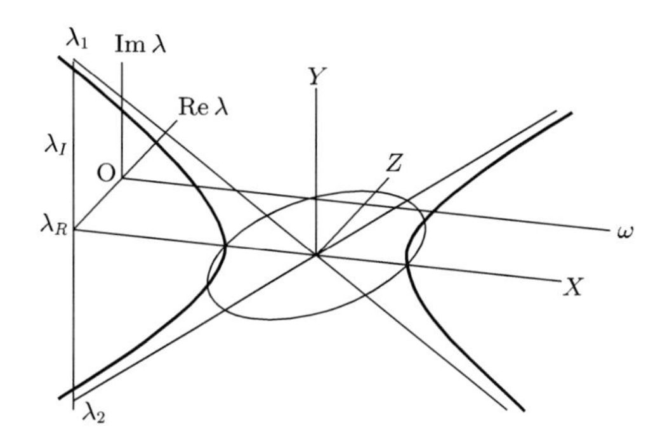

図 **4.14**　式 (4.89) の曲線の概略図

また，$Z = jY = \lambda - \lambda_R$ とおけば，

$$
(2\lambda_I)^2\left\{\left(\frac{1}{2}X\right)^2 + Z^2\right\} = (b_{-1}\lambda_1 + c_{-1})(b_1\lambda_2 + c_1) \quad (\text{実数}) \tag{4.90}
$$

のように楕円（図の細い線）となる．ところで，不安定領域は $\mathrm{Re}\,\lambda > 0$ で定義されるので，その境界では $\lambda = 0$ $(Z = -\lambda_R)$ である．よって

$$
X = \pm 2\sqrt{\frac{(b_{-1}\lambda_1 + c_{-1})(b_1\lambda_2 + c_1)}{(2\lambda_I)^2} - {\lambda_R}^2} \tag{4.91}
$$

となる．

交点 2 の近傍では，式 (4.85) を 3 行 3 列で，交点 3 の近傍では式 (4.86) を $n = -3, -1, 1, 3$ に対応する 4 行 4 列でそれぞれ近似しなければならないので，その詳

細は省略する．

ぶらんこの例のように，係数 b_k に振動数 ω が含まれていれば，結果は多少異なったものになる．これについては，5.5 節で議論する．

4.6 二自由度系の例

二自由度系の例としてボローチンが取り扱ったのとまったく同じ方程式

$$\boldsymbol{C}\ddot{\boldsymbol{x}} + (\boldsymbol{E} - \alpha\boldsymbol{A} - \beta\boldsymbol{A}\cos\omega t)\boldsymbol{x} = \boldsymbol{0} \tag{4.92}$$

を取り上げよう（文献 12)参照）．ここに，

$$\boldsymbol{C} = \begin{bmatrix} \dfrac{1}{{\omega_1}^2} & 0 \\ 0 & \dfrac{1}{{\omega_2}^2} \end{bmatrix}, \quad \boldsymbol{A} = \begin{bmatrix} 0 & a_{12} \\ a_{21} & 0 \end{bmatrix}, \quad \boldsymbol{E} = \begin{bmatrix} 1 & 0 \\ 0 & 1 \end{bmatrix}$$

である．このままでは取扱いが厄介なので，これまでと同じ形式の無次元の式に変形する．式 (4.92) を変形すると次のようになる．

$$\ddot{\boldsymbol{x}} + (\boldsymbol{\Omega} - \alpha\boldsymbol{A}' - \beta\boldsymbol{A}'\cos\omega t)\boldsymbol{x} = \boldsymbol{0} \tag{4.93}$$

ここに，

$$\boldsymbol{\Omega} = \begin{bmatrix} {\omega_1}^2 & 0 \\ 0 & {\omega_2}^2 \end{bmatrix}, \quad \boldsymbol{A}' = \begin{bmatrix} 0 & {\omega_1}^2 a_{12} \\ {\omega_2}^2 a_{21} & 0 \end{bmatrix}$$

である．さらにボローチンと同様に，

$$\left(\frac{\omega_1}{\omega_2}\right)^2 = \gamma, \quad \sqrt{a_{12}a_{21}} = \frac{1}{\alpha^*}, \quad \frac{\alpha}{\alpha^*} = \mu, \quad \frac{\beta}{2\alpha^*} = \nu \tag{4.94}$$

を導入し，さらにまた，

$$\frac{\omega}{\omega_2} = \Omega, \quad \omega_2 t = \tau, \quad \frac{d}{d\tau} = {}', \quad \boldsymbol{y} = \begin{bmatrix} \sqrt{a_{21}}\,x_1 \\ \sqrt{a_{12}}\,x_2 \end{bmatrix}$$

とおけば，次式が得られる．

$$\boldsymbol{y}'' + (\boldsymbol{G} - \boldsymbol{M} - \boldsymbol{N}\cos\Omega\tau)\boldsymbol{y} = \boldsymbol{0} \tag{4.95}$$

ただし，

$$\boldsymbol{G} = \begin{bmatrix} \gamma & 0 \\ 0 & 1 \end{bmatrix}, \quad \boldsymbol{M} = \begin{bmatrix} 0 & \gamma\mu \\ \mu & 0 \end{bmatrix}, \quad \boldsymbol{N} = \begin{bmatrix} 0 & \gamma\nu \\ \nu & 0 \end{bmatrix}$$

である．

この解を

$$\boldsymbol{y}=\sum_{n=-\infty}^{\infty}\boldsymbol{a}_n e^{j\left(z+\frac{n}{2}\omega\right)t} \tag{4.96}$$

とおいて特性方程式を求めると，偶数の n については

$$F(z)=\begin{vmatrix} \ddots & \vdots & \vdots & \vdots & \iddots \\ \cdots & \boldsymbol{G}-\boldsymbol{M}-(z-\Omega)^2\boldsymbol{E} & -\boldsymbol{N} & \boldsymbol{0} & \cdots \\ \cdots & -\boldsymbol{N} & \boldsymbol{G}-\boldsymbol{M}-z^2\boldsymbol{E} & -\boldsymbol{N} & \cdots \\ \cdots & \boldsymbol{0} & -\boldsymbol{N} & \boldsymbol{G}-\boldsymbol{M}-(z+\Omega)^2\boldsymbol{E} & \cdots \\ \iddots & \vdots & \vdots & \vdots & \ddots \end{vmatrix}$$
$$=0 \tag{4.97}$$

となり，奇数の n については

$$G(z)=\begin{vmatrix} \ddots & \vdots & \vdots & \vdots & \iddots \\ \cdots & \boldsymbol{G}-\boldsymbol{M}-\left(z-\frac{1}{2}\Omega\right)^2\boldsymbol{E} & -\boldsymbol{N} & \boldsymbol{0} & \cdots \\ \cdots & -\boldsymbol{N} & \boldsymbol{G}-\boldsymbol{M}-\left(z+\frac{1}{2}\Omega\right)^2\boldsymbol{E} & -\boldsymbol{N} & \cdots \\ \cdots & \boldsymbol{0} & -\boldsymbol{N} & \boldsymbol{G}-\boldsymbol{M}-\left(z+\frac{3}{2}\Omega\right)^2\boldsymbol{E} & \cdots \\ \iddots & \vdots & \vdots & \vdots & \ddots \end{vmatrix}$$
$$=0 \tag{4.98}$$

となる．

定係数の場合 ($N=0,\ \beta=0$)，式 (4.97) および式 (4.98) より

$$\left|\boldsymbol{G}-\boldsymbol{M}-\left(z+\frac{n}{2}\Omega\right)^2\boldsymbol{E}\right|=0 \qquad (n：整数) \tag{4.99}$$

すなわち

$$\left(z+\frac{n}{2}\Omega\right)^4-(\gamma+1)\left(z+\frac{n}{2}\Omega\right)^2+\gamma(1-\mu^2)=0 \tag{4.100}$$

が得られる．これの解を

$$z+\frac{n}{2}\Omega=\pm\Omega_1,\ \pm\Omega_2 \tag{4.101}$$

と表すと，図 4.1 に対応した解直線群が図 4.15 のように描ける．

$\beta\neq0$ の場合には，不安定領域があるとすれば，図 4.15 の解直線群の交点の近くにある．このとき，式 (4.97) や式 (4.98) は，考察しようとする交点を構成する直線

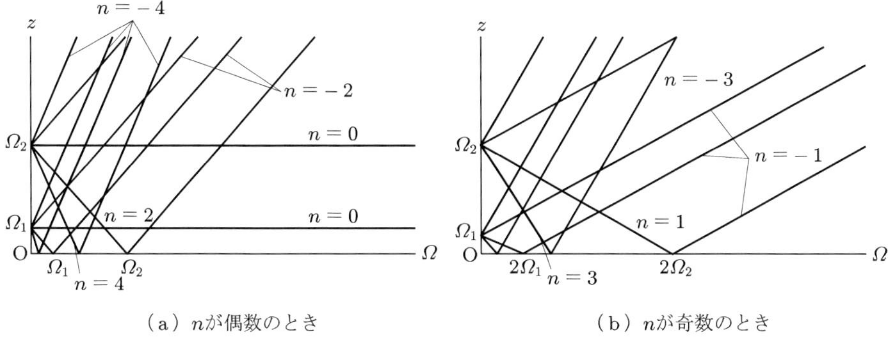

（a）nが偶数のとき　　（b）nが奇数のとき

図 4.15　$\beta = 0$ のときの解直線群

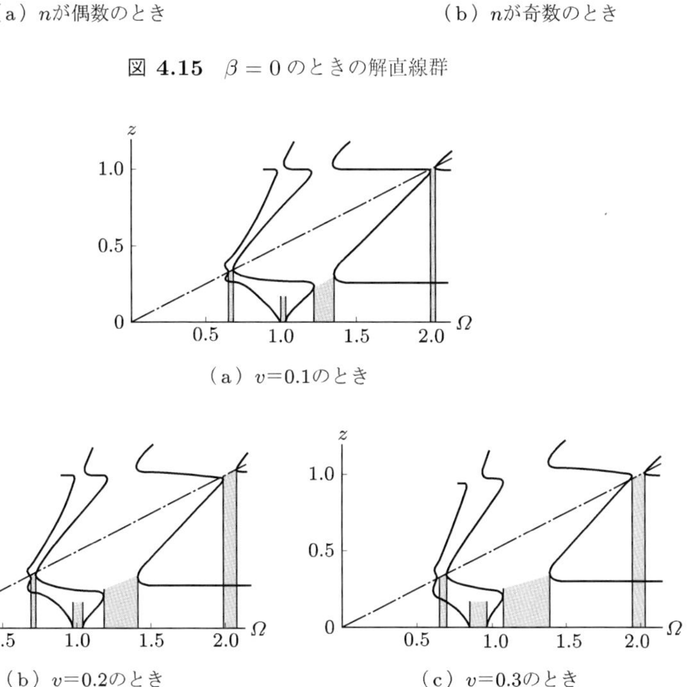

（a）v=0.1のとき

（b）v=0.2のとき　　（c）v=0.3のとき

図 4.16　$z-\Omega$ 線図（$\gamma = 0.1$，$\mu = 0.5$，n: 偶数，10 行 10 列近似）

に対応した要素を対角要素にもつ行列式で近似しなければならない．しかし，上のように変形したにもかかわらず，$\boldsymbol{M}$ と $\boldsymbol{N}$ が対角行列でないため，前節までのような近似はできない．いままでは，一つの対角要素が一つの直線に対応したが，今度は，一つの対角ブロック（2 行 2 列）が同じ傾きをもつ 4 本の直線に対応しているので，交点を構成する 2 本の直線に対応した二つの対角ブロックをふくむ，少なくとも 4 行 4 列で近似する必要がある．図 4.16 には，式 (4.93) を $n = -4, -2, 0, 2, 4$ に対応する 10 行 10 列で近似したときの $z-\Omega$ 線図を示している．

なお，前節までの近似法をそのままで使用しようとすれば，$\boldsymbol{G}-\boldsymbol{M}$ を対角化しておかなければならない．これは困難なことではないが，複雑になるだけであるので，この節では省略する．

この例では，$\Omega=2\Omega_2$，$\Omega_1+\Omega_2$，Ω_2，$2\Omega_2/3$，$(\Omega_1+\Omega_2)/2$ 付近の曲線しか示していないが，実数解 z が $|z|\leqq\Omega/2$ の範囲内に2個存在していない Ω の範囲が不安定領域である．$\Omega=\Omega_2-\Omega_1$ の交点付近には不安定領域がないことが，この図よりわかる．

不安定領域の境界は，$F(0)=0$ と $G(0)=0$ だけでは求められず，$\Omega=\Omega_1+\Omega_2$，$(\Omega_1+\Omega_2)/2$ 付近のものは $F(z)=0$ または $G(z)=0$ より $z-\Omega$ 線図を描くことによって得られる．したがって，「不安定領域の境界では解は周期解だから $F(0)=0$ と $G(0)=0$ から境界が求まる」というのは，いまの二自由度系では正しくない．

二自由度系では「$F(z)=0$ または $G(z)=0$ が重解をもつような Ω が不安定領域の境界である」というのが適切である．さらにまた，z が重解をもつ境界では，「解は周期解になる」というのも正しくない．

最後に，図4.17は，パラメータ ν によって不安定領域がどのように変化するかを示している．破線はボローチン自身による結果である．

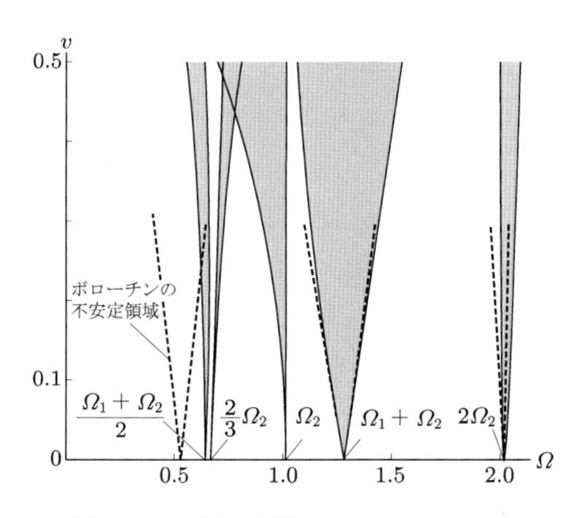

図 **4.17**　不安定領域 $(\gamma=0.1,\ \mu=0.5)$

付録 4.1　減衰系の不安定領域の境界の Ω を求める式（無次元）

式 (4.52) で $\lambda=0$ とおき，無次元化すると

$$\begin{vmatrix} 1 & \dfrac{E}{2} & 0 & 0 & 0 & \cdots \\ E & 1-\Omega^2 & 2B\Omega & \dfrac{E}{2} & 0 & \cdots \\ 0 & -2B\Omega & 1-\Omega^2 & 0 & \dfrac{E}{2} & \cdots \\ 0 & \dfrac{E}{2} & 0 & 1-(2\Omega)^2 & 4B\Omega & \cdots \\ 0 & 0 & \dfrac{E}{2} & -4B\Omega & 1-(2\Omega)^2 & \cdots \\ \vdots & \vdots & \vdots & \vdots & \vdots & \ddots \end{vmatrix} = 0 \qquad (1)$$

が得られ，式 (4.53) で $\lambda = 0$ とおいて無次元化すると

$$\begin{vmatrix} 1-\left(\dfrac{1}{2}\Omega\right)^2+\dfrac{E}{2} & B\Omega & \dfrac{E}{2} & 0 & \cdots \\ -B\Omega & 1-\left(\dfrac{1}{2}\Omega\right)^2-\dfrac{E}{2} & 0 & \dfrac{E}{2} & \cdots \\ \dfrac{E}{2} & 0 & 1-\left(\dfrac{3}{2}\Omega\right)^2 & 3B\Omega & \cdots \\ 0 & \dfrac{E}{2} & -3B\Omega & 1-\left(\dfrac{3}{2}\Omega\right)^2 & \cdots \\ \vdots & \vdots & \vdots & \vdots & \ddots \end{vmatrix} = 0 \qquad (2)$$

が得られる．

付録 4.2　得丸の方法

付録 4.1 の式 (1) は，もともと式 (4.51) で $\lambda = 0$ とおいて得られる次のような代数方程式が，非自明解をもつための必要十分条件である（文献 9)参照)．

$$\left.\begin{aligned} & a_0 + \frac{1}{2}Ea_2 = 0 \\ & Ea_0 + (1-\Omega^2)a_2 + 2B\Omega b_2 + \frac{1}{2}Ea_4 = 0 \\ & -2B\Omega a_2 + (1-\Omega^2)b_2 + \frac{1}{2}Eb_4 = 0 \\ & \qquad\qquad\qquad \cdots\cdots\cdots\cdots\cdots \\ & \frac{1}{2}Ea_{n-2} + \left\{1-\left(\frac{n}{2}\Omega\right)^2\right\}a_n + nB\Omega b_n + \frac{1}{2}Ea_{n+2} = 0 \\ & -nB\Omega a_n + \frac{1}{2}Eb_{n-2} + \left\{1-\left(\frac{n}{2}\Omega\right)^2\right\}b_n + \frac{1}{2}Eb_{n+2} = 0 \\ & \qquad\qquad\qquad \cdots\cdots\cdots\cdots\cdots \end{aligned}\right\} \qquad (3)$$

ただし，n は偶数．また，式 (2) は次式が非自明解をもつための必要十分条件である．

$$\left.\begin{aligned}
&\left\{1-\left(\frac{1}{2}\Omega\right)^2+\frac{1}{2}E\right\}a_1+B\Omega b_1+\frac{1}{2}Ea_3=0\\
&-B\Omega a_1+\left\{1-\left(\frac{1}{2}\Omega\right)^2-\frac{1}{2}E\right\}b_1+\frac{1}{2}Eb_3=0\\
&\qquad\qquad\qquad\cdots\cdots\cdots\cdots\cdots\\
&\frac{1}{2}Ea_{n-2}+\left\{1-\left(\frac{n}{2}\Omega\right)^2\right\}a_n+nB\Omega b_n+\frac{1}{2}Ea_{n+2}=0\\
&-nB\Omega a_n+\frac{1}{2}Eb_{n-2}+\left\{1-\left(\frac{n}{2}\Omega\right)^2\right\}b_n+\frac{1}{2}Eb_{n+2}=0\\
&\qquad\qquad\qquad\cdots\cdots\cdots\cdots\cdots
\end{aligned}\right\}\tag{4}$$

ただし，n は奇数.

これらの後の二式より

$$\boldsymbol{a}_{n+2}=\boldsymbol{A}_n\boldsymbol{a}_n-\boldsymbol{a}_{n-2}\qquad(n\geqq 3)\tag{5}$$

が得られる．ここに，

$$\boldsymbol{A}_n=\begin{bmatrix}-\dfrac{2}{E}\left\{1-\left(\dfrac{n}{2}\Omega\right)^2\right\} & -\dfrac{2}{E}nB\Omega\\ \dfrac{2}{E}nB\Omega & -\dfrac{2}{E}\left\{1-\left(\dfrac{n}{2}\Omega\right)^2\right\}\end{bmatrix},\quad \boldsymbol{a}_n=\begin{bmatrix}a_n\\ b_n\end{bmatrix}$$

となる．また，式 (3) の最初の三式より

$$\boldsymbol{a}_4=\boldsymbol{A}_2\boldsymbol{a}_2-\begin{bmatrix}2&0\\0&0\end{bmatrix}\boldsymbol{a}_0=\left(\boldsymbol{A}_2+\begin{bmatrix}E&0\\0&0\end{bmatrix}\right)\boldsymbol{a}_2=\boldsymbol{B}_2\boldsymbol{a}_2\tag{6}$$

式 (4) の最初の二式からは

$$\boldsymbol{a}_3=\boldsymbol{A}_1\boldsymbol{a}_1-\begin{bmatrix}1&0\\0&-1\end{bmatrix}\boldsymbol{a}_1=\boldsymbol{B}_1\boldsymbol{a}_1\tag{7}$$

が得られる.

以上のことから，偶数の n については

$$\begin{aligned}
\boldsymbol{a}_6&=\boldsymbol{A}_4\boldsymbol{a}_4-\boldsymbol{a}_2=(\boldsymbol{A}_4\boldsymbol{B}_2-\boldsymbol{E})\boldsymbol{a}_2=\boldsymbol{B}_4\boldsymbol{a}_2\\
\boldsymbol{a}_8&=\boldsymbol{A}_6\boldsymbol{a}_6-\boldsymbol{a}_4=(\boldsymbol{A}_6\boldsymbol{B}_4-\boldsymbol{B}_2)\boldsymbol{a}_2=\boldsymbol{B}_6\boldsymbol{a}_2\\
&\ \ \vdots\\
\boldsymbol{a}_{n+2}&=\boldsymbol{B}_n\boldsymbol{a}_2
\end{aligned}\tag{8}$$

奇数の n については

$$\boldsymbol{a}_5=\boldsymbol{A}_3\boldsymbol{a}_3-\boldsymbol{a}_1=(\boldsymbol{A}_3\boldsymbol{B}_1-\boldsymbol{E})\boldsymbol{a}_1=\boldsymbol{B}_3\boldsymbol{a}_1$$

$$\boldsymbol{a}_7 = \boldsymbol{A}_5\boldsymbol{a}_5 - \boldsymbol{a}_3 = (\boldsymbol{A}_5\boldsymbol{B}_3 - \boldsymbol{B}_1)\boldsymbol{a}_1 = \boldsymbol{B}_5\boldsymbol{a}_1$$

$$\vdots$$

$$\boldsymbol{a}_{n+2} = \boldsymbol{B}_n\boldsymbol{a}_1 \tag{9}$$

が得られる．

ところでパーシバルの定理（Parseval's theorem）によれば

$$\lim_{n\to\infty} \boldsymbol{a}_n{}^T\boldsymbol{a}_n = \begin{cases} \displaystyle\lim_{n\to\infty} \boldsymbol{a}_2{}^T\boldsymbol{B}_n{}^T\boldsymbol{B}_n\boldsymbol{a}_2 = 0 & (10) \\ \displaystyle\lim_{n\to\infty} \boldsymbol{a}_1{}^T\boldsymbol{B}_n{}^T\boldsymbol{B}_n\boldsymbol{a}_1 = 0 & (11) \end{cases}$$

でなければならない．任意の $\boldsymbol{a}_1$, $\boldsymbol{a}_2$ に対して式 (10) や式 (11) が成立するためには，$\boldsymbol{B}_n{}^T\boldsymbol{B}_n$ の固有値が 2 個とも 0 でなければならない．B, Ω を固定し，E を変化させながら $\boldsymbol{B}_n{}^T\boldsymbol{B}_n$ の固有値が 0 になる瞬間を求めると，不安定領域の境界になる．この方法は，マシューの方程式のような一自由度系には適用できるが，多自由度系には適用できない．なお，$\boldsymbol{B}_n{}^T\boldsymbol{B}_n$ の固有値が 0 になる瞬間には，実際には 0 固有値は重複しており，2 個とも 0 である．

第 5 章　力学問題への応用例

この章では，第 4 章で示した不安定領域の求め方を，さまざまな機械力学系に適用した結果を示している．一自由度系については，マシューの方程式とマイスナーの方程式の結果を第 4 章で示したので，この章ではぶらんこの振動の不安定領域を示すにとどめ，二自由度以上の系の不安定領域について詳細に述べる．

5.1　ぶらんこの振動

第 1 章で，ぶらんこがパラメータ励振系の身近な例であることを述べたので，まず，この運動について考えてみる．

第 1 章では，ぶらんこの運動方程式は

$$ml\ddot{\theta} + 2m\dot{l}\dot{\theta} = -mg\sin\theta \tag{1.41}$$

であった．これは非線形振動系であるので，不安定領域は系のパラメータだけでは決まらず，初期条件にも依存する．この不安定領域は解析的には求められない．そこで，不安定領域を解析的に求めるために，微小振動を仮定して線形近似して

$$\ddot{\theta} + 2\omega\left\{\frac{a\cos\omega t}{l_0} - \frac{1}{2}\left(\frac{a}{l_0}\right)^2 \sin 2\omega t\right\}\dot{\theta} + \frac{g}{l_0}\left(1 - \frac{a}{l_0}\sin\omega t\right)\theta = 0 \tag{1.44}$$

としてきた．ここでは，さらに簡単のために，$\left(\dfrac{a}{l_0}\right)^2$ を微小として無視すると

$$\ddot{\theta} + 2\omega\frac{a\cos\omega t}{l_0}\dot{\theta} + \frac{g}{l_0}\left(1 - \frac{a}{l_0}\sin\omega t\right)\theta = 0 \tag{5.1}$$

となる．これは減衰項も周期関数のパラメータ励振系である．この節では，この式の不安定領域を求めることとする．

以下，簡単のために

$$\frac{a}{l_0} = \varepsilon, \quad \frac{g}{l_0} = {\omega_0}^2, \quad \frac{\omega}{\omega_0} = \overline{\omega}, \quad \omega_0 t = \tau, \quad \frac{d\theta}{d\tau} = \theta'$$

と記号を決めておくと，式 (5.1) は無次元化されて

$$\theta'' + 2\overline{\omega}\varepsilon\cos\overline{\omega}\tau\cdot\theta' + (1-\varepsilon\sin\overline{\omega}\tau)\theta = 0 \tag{5.2}$$

となる．これを，4.6 節で述べた方法に当てはめてみよう．

4.6 節では，これに対応する式は

$$\ddot{x} + b(t)\dot{x} + c(t)x = 0 \tag{4.83}$$

であった．ただし

$$b(t) = \sum_{k=-\infty}^{\infty} b_k e^{jk\omega t}, \quad c(t) = \sum_{k=-\infty}^{\infty} c_k e^{jk\omega t}$$

であり，b_k，c_k は定数である．そして，式 (4.83) の解を

$$x = \sum_{n=-\infty}^{\infty} \phi_n e^{\left(\lambda + j\frac{n}{2}\omega\right)t} \tag{4.84}$$

とおいた．

無次元化された式 (5.2) の場合，次式が得られる．

$$\begin{aligned} b(\tau) &= 2\overline{\omega}\varepsilon\cos\overline{\omega}\tau \\ &= \overline{\omega}\varepsilon\left(e^{j\overline{\omega}\tau} + e^{-j\overline{\omega}\tau}\right) \end{aligned} \tag{5.3}$$

および

$$\begin{aligned} c(\tau) &= 1 - \varepsilon\sin\overline{\omega}\tau \\ &= 1 + \frac{j}{2}\varepsilon\left(e^{j\overline{\omega}\tau} - e^{-j\overline{\omega}\tau}\right) \end{aligned} \tag{5.4}$$

こうして

$$b_{-1} = b_1 = \overline{\omega}\varepsilon, \quad b_k = 0 \qquad (k \neq -1, 1) \tag{5.5}$$

および

$$\left.\begin{aligned} &c_1 = -c_{-1} = j\frac{\varepsilon}{2} \\ &c_0 = 1, \quad c_k = 0 \qquad (k \neq -1, 0, 1) \end{aligned}\right\} \tag{5.6}$$

となる．これらの結果を，奇数の n についての特性方程式 (4.86) に代入すると

$$G(\lambda)=\begin{vmatrix} \ddots & \vdots & \vdots & \vdots & \cdot^{\cdot^{\cdot}} \\ \cdots & \left(\lambda-j\frac{3}{2}\overline{\omega}\right)^2+1 & \overline{\omega}\varepsilon\left(\lambda-j\frac{1}{2}\overline{\omega}\right)-j\frac{\varepsilon}{2} & 0 & \cdots \\ \cdots & \overline{\omega}\varepsilon\left(\lambda-j\frac{3}{2}\overline{\omega}\right)+j\frac{\varepsilon}{2} & \left(\lambda-j\frac{1}{2}\overline{\omega}\right)^2+1 & \overline{\omega}\varepsilon\left(\lambda+j\frac{1}{2}\overline{\omega}\right)-j\frac{\varepsilon}{2} & \cdots \\ \cdots & 0 & \overline{\omega}\varepsilon\left(\lambda-j\frac{1}{2}\overline{\omega}\right)+j\frac{\varepsilon}{2} & \left(\lambda+j\frac{1}{2}\overline{\omega}\right)^2+1 & \cdots \\ \cdot^{\cdot^{\cdot}} & \vdots & \vdots & \vdots & \ddots \end{vmatrix}$$
$$=0 \tag{5.7}$$

となる．ここで，

$$\lambda=jz$$

とおくと，式 (5.7) は

$$G(z)=\begin{vmatrix} \ddots & \vdots & \vdots & \vdots & \cdot^{\cdot^{\cdot}} \\ \cdots & -\left(z-\frac{3}{2}\overline{\omega}\right)^2+1 & j\overline{\omega}\varepsilon\left(z-\frac{1}{2}\overline{\omega}\right)-j\frac{\varepsilon}{2} & 0 & \cdots \\ \cdots & j\overline{\omega}\varepsilon\left(z-\frac{3}{2}\overline{\omega}\right)+j\frac{\varepsilon}{2} & -\left(z-\frac{1}{2}\overline{\omega}\right)^2+1 & j\overline{\omega}\varepsilon\left(z+\frac{1}{2}\overline{\omega}\right)-j\frac{\varepsilon}{2} & \cdots \\ \cdots & 0 & j\overline{\omega}\varepsilon\left(z-\frac{1}{2}\overline{\omega}\right)+j\frac{\varepsilon}{2} & -\left(z+\frac{1}{2}\overline{\omega}\right)^2+1 & \cdots \\ \cdot^{\cdot^{\cdot}} & \vdots & \vdots & \vdots & \ddots \end{vmatrix}$$

$$=\begin{vmatrix} \ddots & \vdots & \vdots & \vdots & \cdot^{\cdot^{\cdot}} \\ \cdots & -\left(z-\frac{3}{2}\overline{\omega}\right)^2+1 & \overline{\omega}\varepsilon\left(z-\frac{1}{2}\overline{\omega}\right)-\frac{\varepsilon}{2} & 0 & \cdots \\ \cdots & -\overline{\omega}\varepsilon\left(z-\frac{3}{2}\overline{\omega}\right)-\frac{\varepsilon}{2} & -\left(z-\frac{1}{2}\overline{\omega}\right)^2+1 & -\overline{\omega}\varepsilon\left(z+\frac{1}{2}\overline{\omega}\right)+\frac{\varepsilon}{2} & \cdots \\ \cdots & 0 & \overline{\omega}\varepsilon\left(z-\frac{1}{2}\overline{\omega}\right)+\frac{\varepsilon}{2} & -\left(z+\frac{1}{2}\overline{\omega}\right)^2+1 & \cdots \\ \cdot^{\cdot^{\cdot}} & \vdots & \vdots & \vdots & \ddots \end{vmatrix}$$
$$=0 \tag{5.8}$$

と変形できる．$\varepsilon=0$ のときの解直線群は，

$$z=\pm1\pm\frac{n}{2}\overline{\omega} \qquad (n：\text{奇数}) \tag{5.9}$$

である．第1次係数共振域は，二つの直線

$$z = 1 - \frac{1}{2}\overline{\omega}, \quad z = -1 + \frac{1}{2}\overline{\omega}$$

の交点 $\overline{\omega} = 2$ $(\omega = 2\omega_0)$ の近傍にあると考えられるので，式 (5.8) を次の二次の行列式で近似してみる．

$$\begin{vmatrix} -\left(z - \frac{1}{2}\overline{\omega}\right)^2 + 1 & -\overline{\omega}\varepsilon\left(z + \frac{1}{2}\overline{\omega}\right) + \frac{\varepsilon}{2} \\ \overline{\omega}\varepsilon\left(z - \frac{1}{2}\overline{\omega}\right) + \frac{\varepsilon}{2} & -\left(z + \frac{1}{2}\overline{\omega}\right)^2 + 1 \end{vmatrix}$$
$$= z^4 - 2z^2\left(1 + \frac{1}{4}\overline{\omega}^2 - \frac{\varepsilon^2}{2}\overline{\omega}^2\right) + \left[\left(1 - \frac{1}{4}\overline{\omega}^2\right)^2 - \left(\frac{\varepsilon}{2}\right)^2(1 - \overline{\omega}^2)^2\right]$$
$$= 0 \qquad (5.10)$$

これが実数の z をもてば λ が複素数であるので，運動は安定であり，z が虚数になれば λ が正の実数をもつので，運動は不安定になる．ぶらんこのように，式 (5.3) の係数 $b(\tau)$ が振動数 $\overline{\omega}$ をふくむときは，z–$\overline{\omega}$ 曲線は双曲線と少し異なった結果となる．そのため，ここでは対角要素はそのままの形で用いている．第 4 章と同じように，

$$-\left(z - \frac{1}{2}\overline{\omega}\right)^2 + 1 = \left\{1 - \left(z - \frac{1}{2}\overline{\omega}\right)\right\}\left\{1 + \left(z - \frac{1}{2}\overline{\omega}\right)\right\}$$
$$\fallingdotseq 2\left\{1 + \left(z - \frac{1}{2}\overline{\omega}\right)\right\} - \left(z + \frac{1}{2}\overline{\omega}\right)^2 + 1$$
$$\fallingdotseq 2\left\{1 - \left(z + \frac{1}{2}\overline{\omega}\right)\right\}$$

と近似してもかまわないが，式 (5.10) の解曲線が z の二次曲線になるものの，やはり双曲線にはならないので，あえてこのような近似を行う必要はない．

式 (5.10) の z–$\overline{\omega}$ 曲線の例を図 5.1 に示し，不安定領域の図を図 5.2 に示す．また，安定領域での振動波形の例を図 5.3（a）に示す．この結果をみると，振幅が π を超えるという奇妙な挙動になっているが，これは本来の運動方程式 (1.41) を式 (5.2) で近似したことに起因する．

比較のために，非線形系の式 (1.41) で求めた振動波形を図 5.3（b）に示す．非線形系の場合，運動の安定・不安定は初期条件に依存する．いまの初期条件の場合，発散していることがわかる．θ が時間とともに増加しているのは，回転運動を起こすことを意味している．非線形振動系での運動の安定・不安定におよぼす初期条件の影響をみるには，位相平面 (θ, θ') でパラメータ励振の 1 周期ごとの点 (θ, θ') をプロットして（これを**ポアンカレ写像**（Poincaré map）という．用語の簡単な解説は

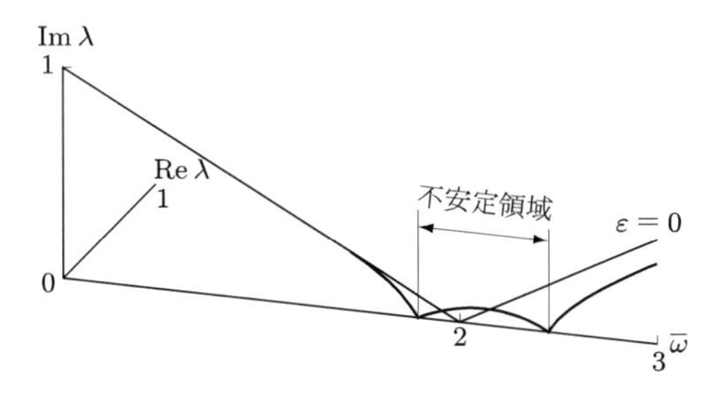

図 **5.1**　ぶらんこの解曲線

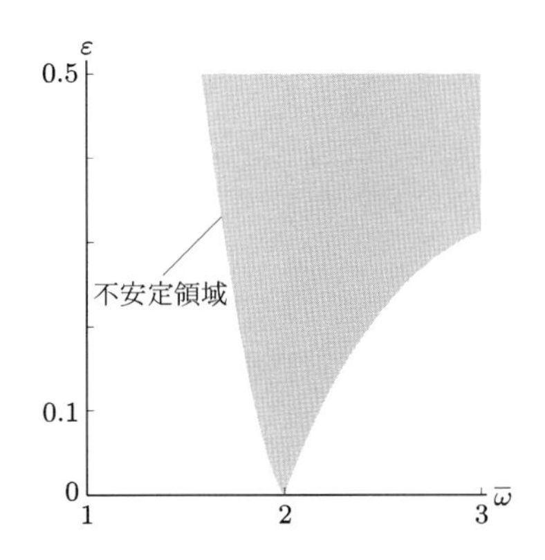

図 **5.2**　ぶらんこの不安定領域

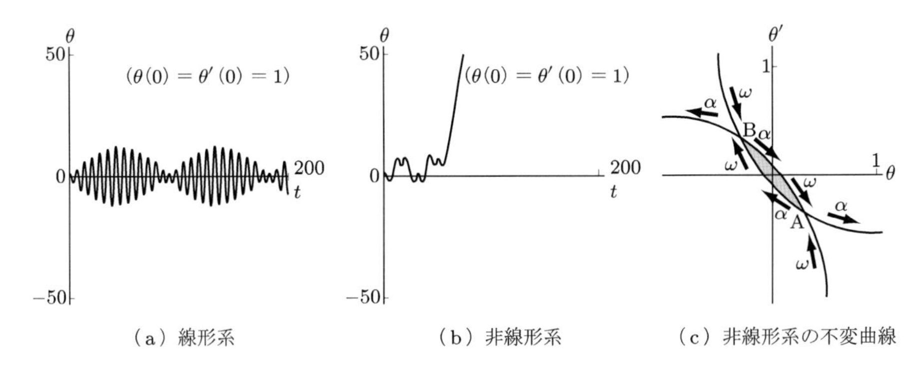

図 **5.3**　ぶらんこの振動 ($\varepsilon = 0.2, \overline{\omega} = 1.72$)

付録 5.1 を参照.)，まず**双曲型不動点** (fixed Point of hyperbolic type) をさがし，次にその双曲型不動点に出入りする**不変曲線** (invariant curve) を描き，**引き込み領域** (domain of attraction) を求めるのが通例である.

不変曲線には, 双曲型不動点から出ていく点の集まりである**不安定多様体** (unstable

manifold: **α 枝ともいう**）と，入っていく点の集まりである**安定多様体**（stable manifold: **ω 枝ともいう**）がある．図 5.3（a），（b）のパラメータの場合の不変曲線と不動点の図を図（c）に示す．点 A，B が双曲型不動点 A，B を表している．この例では，AB 間の α 枝が安定なうなり振動に対応する**不変閉曲線** (invariant closed curve) を形成している．この不変閉曲線の内側には，静止状態を表す原点以外の不動点は存在せず，運動はどこから出発しても安定なうなり振動になる．図では，AB 間の α 枝と ω 枝がつながって見えるが，細かく観察すると，A，B から出て不変閉曲線に至る α 枝のすぐ外側を，A，B に至る ω 枝が通っている．点 A（または B）に至るこの ω 枝と，無限遠方から点 B（または A）に至る ω 枝は，厳密には別の曲線だがほとんど重なって見える．したがって，不変閉曲線の引き込み領域はきわめて狭く，このパラメータではうなり振動はきわめて実現しにくい．この様子をもっとわかりやすくするために，極端に模型化した図を付図 5.1（b）に示す．外向きの α 枝の先には，いかなる不動点もいかなる不変閉曲線も存在していない．つまり，α 枝は無限遠方に伸びており，このときの運動は，回転運動になる．

5.2 フック継ぎ手がある二自由度ねじり振動系

フック継ぎ手がある駆動系が，ねじりのパラメータ励振系になることは 1.1.4 項で述べた．気動車などの駆動機構では，二つのフック継ぎ手が用いられている．これを単純にモデル化すれば，二自由度パラメータ励振系になることが，かなり昔から知られており，チェコのゼマン（V. Zeman）がすでに摂動法の一種であるメットラーらの方法 (4.1 節参照）で不安定領域の計算を行ってきている．ここでは，運動方程式の誘導方法を示し，4.2 節の方法で，ゼマンの結果よりもっと精度のよい不安定領域を求める．

5.2.1 運動方程式

まず，系のモデルを図 5.4 のように表す．I_1，I_2 は回転体の慣性モーメント，k_1，k_2，k_3，k_4 は回転軸のねじりのばね定数，ψ_1，ψ_2，ϕ_1，ϕ_2，θ_1，θ_2 は角変位，ω は駆動側の角速度，α は軸がなす角度である．

ラグランジュの方程式に従って運動方程式を求めると，

$$I_1\ddot{\psi}_1 - k_1(\theta_1 - \psi_1) + k_4(\psi_1 - \omega t) = 0 \tag{5.11}$$

$$-k_2(\theta_2 - \phi_1)\frac{\partial \phi_1}{\partial \theta_1} + k_1(\theta_1 - \psi_1) = 0 \tag{5.12}$$

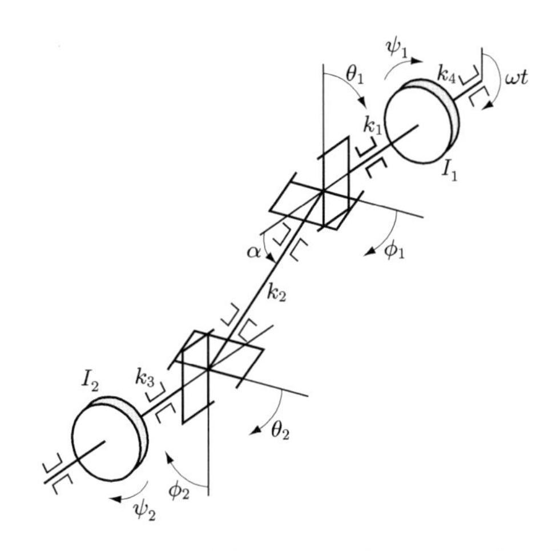

図 **5.4**　フック継ぎ手を有する二自由度ねじり振動系

$$-k_3(\psi_2 - \phi_2)\frac{\partial \phi_2}{\partial \theta_2} + k_2(\theta_2 - \phi_1) = 0 \tag{5.13}$$

$$I_2\ddot{\psi}_2 + k_3(\psi_2 - \phi_2) = 0 \tag{5.14}$$

となる．ただし，自由振動を取り扱うので，エンジンなどの駆動トルクは考えず，駆動側の回転軸が一定角速度 ω で駆動されているとする．

また，フック継ぎ手の駆動軸の回転角と従動軸の回転角の間には，図 5.4 のような配置の場合，

$$\tan\phi_1 = \frac{\tan\theta_1}{\cos\alpha} \tag{5.15}$$

$$\tan\phi_2 = \cos\alpha\tan\theta_2 \tag{5.16}$$

が成り立つ．回転角変位の原点をどこに選ぶかによって，関係式が異なるので十分に注意しなければならない．α を小さいとし，微小振動を仮定すると，式 (5.15), (5.16) は

$$\phi_1 \fallingdotseq \theta_1 + \frac{\alpha^2}{4}\sin 2\theta_1 \fallingdotseq \theta_1 + \frac{\alpha^2}{4}\sin 2\omega t \tag{5.17}$$

$$\phi_2 \fallingdotseq \theta_2 - \frac{\alpha^2}{4}\sin 2\theta_2 \fallingdotseq \theta_2 - \frac{\alpha^2}{4}\sin 2\omega t \tag{5.18}$$

となる．このとき

$$\frac{\partial \phi_1}{\partial \theta_1} \fallingdotseq 1 + \frac{\alpha^2}{2}\cos 2\theta_1 \fallingdotseq 1 + \frac{\alpha^2}{2}\cos 2\omega t \tag{5.19}$$

$$\frac{\partial \phi_2}{\partial \theta_2} \fallingdotseq 1 - \frac{\alpha^2}{2}\cos 2\theta_2 \fallingdotseq 1 - \frac{\alpha^2}{2}\cos 2\omega t \tag{5.20}$$

となる．

以上より，ϕ_1，ϕ_2，θ_1，θ_2 を ψ_1，ψ_2 で表して，ψ_1，ψ_2 に関する微分方程式をつくる．まず，式 (5.12) と式 (5.17)，(5.18) より

$$\phi_2\left(k_3\frac{\partial \phi_2}{\partial \theta_2} + k_2\right) - k_2\theta_1 = k_3\psi_2\frac{\partial \phi_2}{\partial \theta_2} \tag{5.21}$$

が得られる．次に，式 (5.12)，(5.13) より

$$-k_3(\psi_2 - \phi_2)\frac{\partial \phi_1}{\partial \theta_1}\frac{\partial \phi_2}{\partial \theta_2} + k_1(\theta_1 - \psi_1) = 0 \tag{5.22}$$

となり，これより

$$k_3\phi_2\frac{\partial \phi_1}{\partial \theta_1}\frac{\partial \phi_2}{\partial \theta_2} + k_1\theta_1 = k_3\psi_2\frac{\partial \phi_1}{\partial \theta_1}\frac{\partial \phi_2}{\partial \theta_2} + k_1\psi_1 \tag{5.23}$$

が得られる．なお，式 (5.22) は，フック継ぎ手によって伝達されるトルクが

$$k_3(\psi_2 - \phi_2) = k_1(\theta_1 - \psi_1)\frac{1}{\dfrac{\partial \phi_1}{\partial \theta_1}\dfrac{\partial \phi_2}{\partial \theta_2}} \tag{5.22$'$}$$

と表されることを意味しており，式 (5.19)，(5.20) により次式が成り立つ．

$$\frac{\partial \phi_1}{\partial \theta_1}\frac{\partial \phi_2}{\partial \theta_2} \fallingdotseq 1 \tag{5.24}$$

よって，式 (5.21) と式 (5.23) より

$$\phi_2 = \frac{\psi_2 k_3\dfrac{\partial \phi_2}{\partial \theta_2}\left(k_2\dfrac{\partial \phi_1}{\partial \theta_1} + k_1\right) + k_2k_1\psi_1}{k_3\dfrac{\partial \phi_2}{\partial \theta_2}\left(k_2\dfrac{\partial \phi_1}{\partial \theta_1} + k_1\right) + k_2k_1} \tag{5.25}$$

および

$$\theta_1 = \psi_2\frac{k_3k_2\dfrac{\partial \phi_1}{\partial \theta_1}\dfrac{\partial \phi_2}{\partial \theta_2}}{k_3\dfrac{\partial \phi_2}{\partial \theta_2}\left(k_2\dfrac{\partial \phi_1}{\partial \theta_1} + k_1\right) + k_2k_1} + \psi_1\frac{k_1\left(k_3\dfrac{\partial \phi_2}{\partial \theta_2} + k_2\right)}{k_3\dfrac{\partial \phi_2}{\partial \theta_2}\left(k_2\dfrac{\partial \phi_1}{\partial \theta_1} + k_1\right) + k_2k_1} \tag{5.26}$$

が得られる．このとき，式 (5.24) を考慮して

$$\psi_2 - \phi_2 = \frac{(\psi_2 - \psi_1)k_2k_1}{k_3\dfrac{\partial \phi_2}{\partial \theta_2}\left(k_2\dfrac{\partial \phi_1}{\partial \theta_1} + k_1\right) + k_2k_1} \tag{5.27}$$

$$\theta_1 - \psi_1 = (\psi_2 - \psi_1)\frac{k_3 k_2}{k_3 \dfrac{\partial \phi_2}{\partial \theta_2}\left(k_2 \dfrac{\partial \phi_1}{\partial \theta_1} + k_1\right) + k_2 k_1} \tag{5.28}$$

が得られる．これらの分母は

$$\begin{aligned} & k_3 k_2 \frac{\partial \phi_1}{\partial \theta_1}\frac{\partial \phi_2}{\partial \theta_2} + k_1 k_3 \frac{\partial \phi_2}{\partial \theta_2} + k_2 k_1 \\ & \fallingdotseq (k_1 k_2 + k_1 k_3 + k_2 k_3)\left(1 - \frac{k_1 k_3}{k_1 k_2 + k_1 k_3 + k_2 k_3}\frac{\alpha^2}{2}\cos 2\omega t\right) \end{aligned} \tag{5.29}$$

と書ける．よって，運動方程式 (5.11) は

$$\begin{aligned} & I_1 \ddot{\psi}_1 - \frac{k_1 k_2 k_3}{k_1 k_2 + k_1 k_3 + k_2 k_3}\left(1 + \frac{k_1 k_3}{k_1 k_2 + k_1 k_3 + k_2 k_3}\frac{\alpha^2}{2}\cos 2\omega t\right) \\ & \quad \times (\psi_2 - \psi_1) + k_4(\psi_1 - \omega t) = 0 \end{aligned} \tag{5.30}$$

と近似でき，また，式 (5.14) は

$$\begin{aligned} & I_2 \ddot{\psi}_2 + \frac{k_1 k_2 k_3}{k_1 k_2 + k_1 k_3 + k_2 k_3}\left(1 + \frac{k_1 k_3}{k_1 k_2 + k_1 k_3 + k_2 k_3}\frac{\alpha^2}{2}\cos 2\omega t\right) \\ & \quad \times (\psi_2 - \psi_1) = 0 \end{aligned} \tag{5.31}$$

と近似できる．定常的な回転角 ωt からの微小変動に注目すれば，式 (5.30)，(5.31) は次のようになる．

$$\left.\begin{aligned} & I_1 \ddot{\psi}_1 - k(1 + \varepsilon \cos 2\omega t)(\psi_2 - \psi_1) + k_4 \psi_1 = 0 \\ & I_2 \ddot{\psi}_2 + k(1 + \varepsilon \cos 2\omega t)(\psi_2 - \psi_1) = 0 \end{aligned}\right\} \tag{5.32}$$

ただし，

$$k = \frac{k_1 k_2 k_3}{k_1 k_2 + k_1 k_3 + k_2 k_3}, \quad \varepsilon = \frac{k_1 k_3}{k_1 k_2 + k_1 k_3 + k_2 k_3}\frac{\alpha^2}{2} = \frac{k}{k_2}\frac{\alpha^2}{2}$$

である．行列では

$$\begin{aligned} & \begin{bmatrix} I_1 & 0 \\ 0 & I_2 \end{bmatrix}\begin{bmatrix} \ddot{\psi}_1 \\ \ddot{\psi}_2 \end{bmatrix} \\ & \quad + \left(\begin{bmatrix} k + k_4 & -k \\ -k & k \end{bmatrix} + k\varepsilon \cdot \cos 2\omega t \begin{bmatrix} 1 & -1 \\ -1 & 1 \end{bmatrix}\right)\begin{bmatrix} \psi_1 \\ \psi_2 \end{bmatrix} = \begin{bmatrix} 0 \\ 0 \end{bmatrix} \end{aligned} \tag{5.33}$$

あるいは

$$\boldsymbol{M}\ddot{\boldsymbol{y}} + (\boldsymbol{C} + \varepsilon\cos 2\omega t\boldsymbol{A})\boldsymbol{y} = \boldsymbol{0} \tag{5.34}$$

となる．ここに，

$$\boldsymbol{y} = \begin{bmatrix} \psi_1 \\ \psi_2 \end{bmatrix}$$

$$\boldsymbol{M} = \begin{bmatrix} I_1 & 0 \\ 0 & I_2 \end{bmatrix}, \quad \boldsymbol{C} = \begin{bmatrix} k+k_4 & -k \\ -k & k \end{bmatrix}, \quad \boldsymbol{A} = k\begin{bmatrix} 1 & -1 \\ -1 & 1 \end{bmatrix}$$

となる．

5.2.2 対角化

行列 $\boldsymbol{C}$ が対角でないため，このままでは $\varepsilon = 0$ のときの解直線群を描くことができない．そのため，行列 $\boldsymbol{C}$ を対角化する．

まず，次のような新しい記号を導入する．

$$\boldsymbol{Z} = \begin{bmatrix} \sqrt{I_1} & 0 \\ 0 & \sqrt{I_2} \end{bmatrix}, \quad \boldsymbol{z} = \boldsymbol{Z}\boldsymbol{y}, \quad \boldsymbol{C}_1 = \boldsymbol{Z}^{-1}\boldsymbol{C}\boldsymbol{Z}^{-1}$$

$$\boldsymbol{A}_C = \boldsymbol{Z}^{-1}\boldsymbol{A}\boldsymbol{Z}^{-1}$$

すると，式 (5.34) は

$$\ddot{\boldsymbol{z}} + (\boldsymbol{C}_1 + \varepsilon\boldsymbol{A}_C\cos 2\omega t)\boldsymbol{z} = \boldsymbol{0} \tag{5.35}$$

と表される．$\boldsymbol{C}_1$ のモード行列を求めてから行列 $\boldsymbol{C}_1$ を対角化する．

$\boldsymbol{C}_1$ は実対称行列だから

$$({\omega_i}^2\boldsymbol{E} - \boldsymbol{C}_1)\boldsymbol{\phi}_i = \boldsymbol{0} \qquad (i = 1, 2) \tag{5.36}$$

を満たす正規固有ベクトル $\boldsymbol{\phi}_i$ によって，モード行列 $\boldsymbol{T} = \begin{bmatrix}\boldsymbol{\phi}_1 & \boldsymbol{\phi}_2\end{bmatrix}$ を定義することができる．この $\boldsymbol{T}$ は正規直交行列になり，

$$\boldsymbol{T}^{-1}\boldsymbol{C}_1\boldsymbol{T} = \boldsymbol{\Omega} = \begin{bmatrix} {\omega_1}^2 & 0 \\ 0 & {\omega_2}^2 \end{bmatrix}$$

となる．式 (5.35) のもう一つの行列 $\boldsymbol{A}_C$ もモード行列で

$$\boldsymbol{T}^{-1}\boldsymbol{A}_C\boldsymbol{T} = \overline{\boldsymbol{A}}_C = ({\alpha_{ij}}^C)$$

のように変換しておく．さらに

$$\boldsymbol{z} = \boldsymbol{T}\boldsymbol{x}$$

とおけば，式 (5.35) は

$$\ddot{\boldsymbol{x}} + (\boldsymbol{\Omega} + \varepsilon \overline{\boldsymbol{A}}_C \cos 2\omega t)\boldsymbol{x} = \boldsymbol{0} \tag{5.37}$$

のようなモード領域の式になる．一般には，$\overline{\boldsymbol{A}}_C$ は対角行列ではないので，モード別には分離されておらず，二自由度のままで取り扱わなければならない．

特性方程式の導き方はこれまでと同様で，式 (5.37) の解を

$$x = \sum_{n=-\infty}^{\infty} c_n e^{j(z+n\omega)t} \tag{5.38}$$

とおくことにより，偶数の n については

$$F(z) = \begin{vmatrix} \ddots & \vdots & \vdots & \vdots & ⋰ \\ \cdots & \boldsymbol{\Omega} - (z-2\omega)^2 \boldsymbol{E} & \frac{\varepsilon}{2}\overline{\boldsymbol{A}}_C & \boldsymbol{0} & \cdots \\ \cdots & \frac{\varepsilon}{2}\overline{\boldsymbol{A}}_C & \boldsymbol{\Omega} - z^2 \boldsymbol{E} & \frac{\varepsilon}{2}\overline{\boldsymbol{A}}_C & \cdots \\ \cdots & \boldsymbol{0} & \frac{\varepsilon}{2}\overline{\boldsymbol{A}}_C & \boldsymbol{\Omega} - (z+2\omega)^2 \boldsymbol{E} & \cdots \\ ⋰ & \vdots & \vdots & \vdots & \ddots \end{vmatrix} = 0 \tag{5.39}$$

が得られ，奇数の n については

$$G(z) = \begin{vmatrix} \ddots & \vdots & \vdots & \vdots & ⋰ \\ \cdots & \boldsymbol{\Omega} - (z-3\omega)^2 \boldsymbol{E} & \frac{\varepsilon}{2}\overline{\boldsymbol{A}}_C & \boldsymbol{0} & \cdots \\ \cdots & \frac{\varepsilon}{2}\overline{\boldsymbol{A}}_C & \boldsymbol{\Omega} - (z-\omega)^2 \boldsymbol{E} & \frac{\varepsilon}{2}\overline{\boldsymbol{A}}_C & \cdots \\ \cdots & \boldsymbol{0} & \frac{\varepsilon}{2}\overline{\boldsymbol{A}}_C & \boldsymbol{\Omega} - (z+\omega)^2 \boldsymbol{E} & \cdots \\ ⋰ & \vdots & \vdots & \vdots & \ddots \end{vmatrix} = 0 \tag{5.40}$$

が得られる．

$\varepsilon = 0$ のときの直線群は

$$z = \pm\omega_l - n\omega \qquad (l = 1, 2) \tag{5.41}$$

となる．これは図 4.1 と同じような直線群になる．第 4 章の ω を 2ω に変えれば本

節の議論となるので，交点付近での近似方法も第 4 章と同様である．

$\omega = \omega_l$ $(l = 1, 2)$ での交点付近では，式 (5.40) は次式で近似できる．

$$\begin{vmatrix} {\omega_l}^2 - (z - \omega)^2 & \frac{\varepsilon}{2}{\alpha_{ll}}^C \\ \frac{\varepsilon}{2}{\alpha_{ll}}^C & {\omega_l}^2 - (z + \omega)^2 \end{vmatrix}$$
$$\fallingdotseq (2\omega_l)^2\left\{(\omega - \omega_l)^2 - z^2\right\} - \left(\frac{\varepsilon}{2}\right)^2({\alpha_{ll}}^C)^2 = 0 \tag{5.42}$$

よって，不安定領域は

$$\omega_l - \frac{\varepsilon}{4\omega_l}{\alpha_{ll}}^C < \omega < \omega_l + \frac{\varepsilon}{4\omega_l}{\alpha_{ll}}^C \tag{5.43}$$

で与えられるが，これはメットラーらの方法による結果と一致している．

5.2.3 数値計算例

ゼマンと同じく，不減衰系の例

$$\ddot{\boldsymbol{y}} + \left\{\begin{bmatrix} 2 & -1 \\ -1 & 1 \end{bmatrix} + \varepsilon\begin{bmatrix} 1 & -1 \\ -1 & 1 \end{bmatrix}\cos 2\omega t\right\}\boldsymbol{y} = \boldsymbol{0} \tag{5.44}$$

を考える．このとき

$$\boldsymbol{\Omega} = \begin{bmatrix} {\omega_1}^2 & 0 \\ 0 & {\omega_2}^2 \end{bmatrix} = \begin{bmatrix} 0.618^2 & 0 \\ 0 & 1.618^2 \end{bmatrix}$$
$$\overline{\boldsymbol{A}}_C = \left({\alpha_{ij}}^C\right) = \begin{bmatrix} 0.1056 & -0.2763 \\ -0.7236 & 1.894 \end{bmatrix}$$

が得られる．

この場合，$\varepsilon = 0$ のときの解直線群（一部分）は図 5.5 のようになる．

点 A の近傍で式 (5.40) を 2 行 2 列で近似すれば

$$(\omega - \omega_2)^2 - z^2 = \left(\frac{\varepsilon{\alpha_{22}}^C}{4\omega_2}\right)^2 \tag{5.45}$$

となり，不安定領域は

$$1.618 - 0.2927\varepsilon < \omega < 1.618 + 0.2927\varepsilon \tag{5.46}$$

で与えられる．このような $\omega = \omega_2$ の近傍の不安定領域は，**第 1 種第 1 次の係数共振域**とよばれる．

点 B の近傍で式 (5.40) を 2 行 2 列で近似すれば

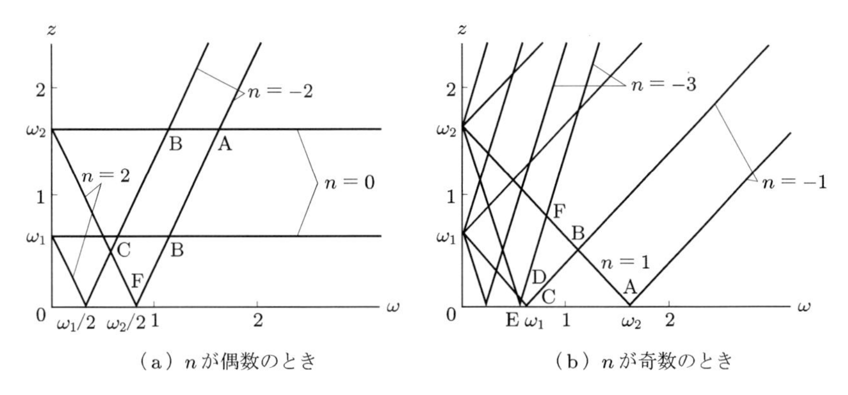

（a）n が偶数のとき　　（b）n が奇数のとき

図 **5.5**　$\varepsilon=0$ のときの解直線群

$$\left(\omega-\frac{\omega_1+\omega_2}{2}\right)^2-\left(z-\frac{\omega_2-\omega_1}{2}\right)^2=\left(\frac{\varepsilon}{2}\right)^2\frac{{\alpha_{12}}^C{\alpha_{21}}^C}{4\omega_1\omega_2} \tag{5.47}$$

となり，不安定領域は

$$1.118-0.118\varepsilon<\omega<1.118+0.118\varepsilon \tag{5.48}$$

で与えられる．このような $\omega=(\omega_1+\omega_2)/2$ の近傍の不安定領域は，**第 2 種第 1 次の係数共振域**とよばれる．あるいは **和形共振域**ともよばれる．

点 F は $n=-3$ と $n=1$ の直線の交点だから，式 (5.40) は少なくとも $n=-3$, $-1,1$ に対応する 3 行 3 列で近似しなければならないが，式 (5.39) についていえば $n=-2,0,2$ に対応する 3 行 3 列を選べばよい．すなわち

$$\begin{vmatrix} {\omega_2}^2-(z-2\omega)^2 & \frac{\varepsilon}{2}{\alpha_{21}}^C & 0 \\ \frac{\varepsilon}{2}{\alpha_{12}}^C & {\omega_1}^2-z^2 & \frac{\varepsilon}{2}{\alpha_{12}}^C \\ 0 & \frac{\varepsilon}{2}{\alpha_{21}}^C & {\omega_2}^2-(z+2\omega)^2 \end{vmatrix}=0 \tag{5.49}$$

とすればよい．これを展開，整理すれば

$$\left\{2\left(\omega-\frac{\omega_2}{2}\right)+\frac{1}{2}\left(\frac{\varepsilon}{2}\right)^2\frac{{\alpha_{12}}^C{\alpha_{21}}^C}{\omega_1{\omega_2}^2}\right\}^2-z^2=\left\{\frac{1}{2}\left(\frac{\varepsilon}{2}\right)^2\frac{{\alpha_{12}}^C{\alpha_{21}}^C}{\omega_1{\omega_2}^2}\right\}^2 \tag{5.50}$$

となり，不安定領域は

$$0.809-0.0809\varepsilon^2<\omega<0.809 \tag{5.51}$$

となる．

点 C，D，E の近傍では，式 (5.40) は少なくとも $n = -3, -1, 1, 3$ に対応する 4 行 4 列で近似しなければならない．すなわち

$$
\begin{vmatrix}
{\omega_2}^2 - (z - 3\omega)^2 & \dfrac{\varepsilon}{2}{\alpha_{21}}^C & 0 & 0 \\
\dfrac{\varepsilon}{2}{\alpha_{12}}^C & {\omega_1}^2 - (z - \omega)^2 & \dfrac{\varepsilon}{2}{\alpha_{11}}^C & 0 \\
0 & \dfrac{\varepsilon}{2}{\alpha_{11}}^C & {\omega_1}^2 - (z + \omega)^2 & \dfrac{\varepsilon}{2}{\alpha_{12}}^C \\
0 & 0 & \dfrac{\varepsilon}{2}{\alpha_{21}}^C & {\omega_2}^2 - (z + 3\omega)^2
\end{vmatrix} = 0 \tag{5.52}
$$

としなければならない．これを展開，整理すれば次式が得られる．

$$
z^4 - A(\omega)z^2 + B(\omega) = 0 \tag{5.53}
$$

ここに，

$$
A(\omega) = (\omega_2 - 3\omega)^2 + (\omega_1 - \omega)^2 + \varepsilon^2\left\{\frac{{\alpha_{12}}^C{\alpha_{21}}^C}{8\omega_1\omega_2} - \left(\frac{{\alpha_{11}}^C}{4\omega_1}\right)^2\right\}
$$

$$
B(\omega) = \left\{(\omega_2 - 3\omega)(\omega_1 - \omega) + \varepsilon^2\frac{{\alpha_{12}}^C{\alpha_{21}}^C}{16\omega_1\omega_2}\right\} - \left(\varepsilon\frac{{\alpha_{11}}^C}{4\omega_1}\right)^2(\omega_2 - 3\omega)^2
$$

である．これによる z–ω 曲線を図 5.6 に実線で示す．破線は摂動法による結果で，交点 D，E 付近の曲線は求められていない．図 5.7 は，式 (5.40) を 8 行 8 列および 12 行 12 列で近似した場合の z–ω 曲線を表している．これにより，式 (5.53) の結果はまだ精度がよくないことがわかる．12 行 12 列近似の結果は十分に収束しており，ほぼ厳密といえる．図 5.8 は，式 (5.40) を 12 行 12 列で近似した場合の不安定

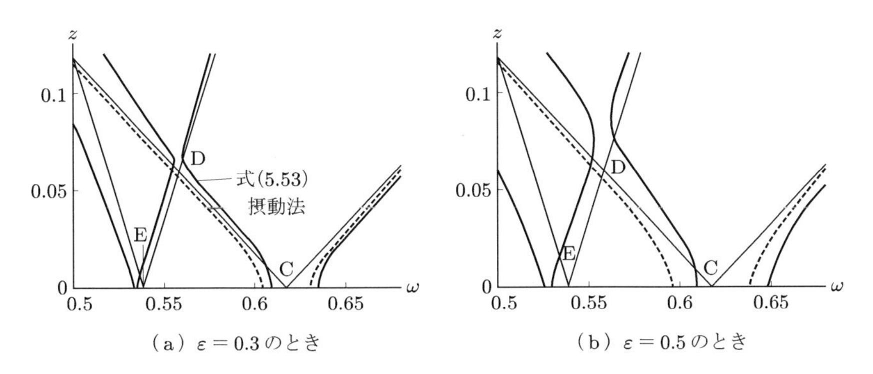

（a）$\varepsilon = 0.3$ のとき　　（b）$\varepsilon = 0.5$ のとき

図 **5.6**　式 (5.53) による z–ω 曲線

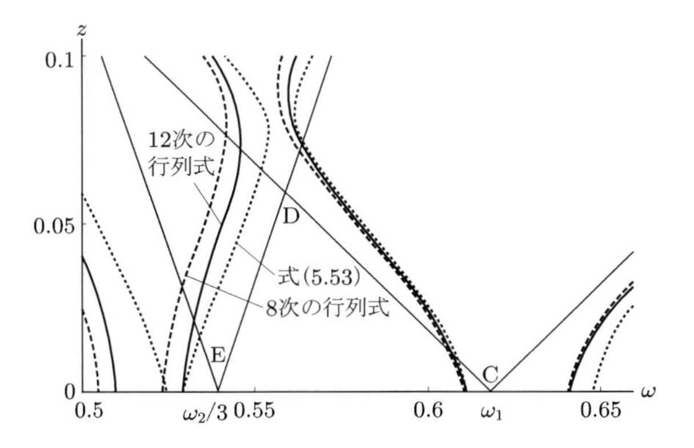

図 **5.7**　式 (5.40) を 8 行 8 列及び 12 行 12 列で近似した場合の z–ω 曲線

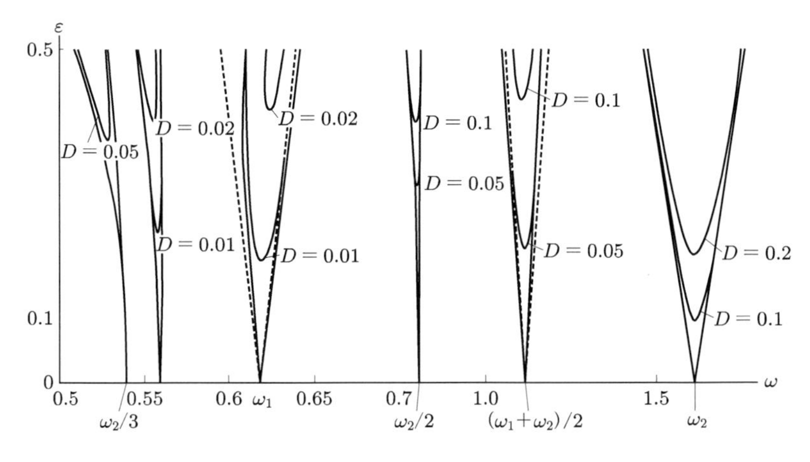

図 **5.8**　式 (5.40) を 12 行 12 列で近似した場合の不安定領域

領域図で，$\omega = \omega_1$, $(\omega_1 + \omega_2)/2$, ω_2 付近の破線は摂動法によってゼマンが求めた不安定領域を示している．図には，同時に，回転体 I_2 に減衰を与えた場合の式

$$\ddot{\boldsymbol{y}} + 2D\begin{bmatrix} 0 & 0 \\ 0 & 1 \end{bmatrix}\dot{\boldsymbol{y}} + \left\{\begin{bmatrix} 2 & -1 \\ -1 & 1 \end{bmatrix} + \varepsilon\begin{bmatrix} 1 & -1 \\ -1 & 1 \end{bmatrix}\cos 2\omega t\right\}\boldsymbol{y} = \boldsymbol{0} \tag{5.44$'$}$$

の不安定領域も示している．減衰系についての詳細は，複雑になるため省略する．

以上のようなパラメータ励振は，フック継ぎ手の使用にともなうものであるので，フック継ぎ手の使用が避けられない場合，不安定領域の発生を防ぐには，回転体に粘性減衰を与えなければならない．

5.3 非対称支持・非対称軸・ロータ系の振動

水平方向と垂直方向とで異なるばね剛性をもつ軸受けで支持（非対称支持）された，曲げ剛性に異方性がある水平回転軸に取り付けられた回転体（非対称軸・ロータ系）は，機械工学分野でのパラメータ励振系の代表的な例である．

5.3.1 系のモデルと記号

この節で取り扱う系の力学モデルを図 5.9 に示す（文献 14)参照）．ここで，軸には質量はないものとし，軸の中央部に質量 m の円板状の回転子が取り付けられている．両側の軸受けの質量とばね定数はそれぞれ等しいとする．また，粘性抵抗や固体摩擦は存在しないとする．

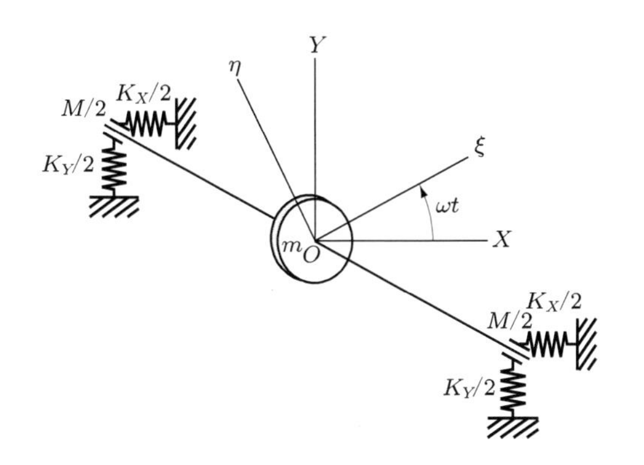

図 5.9 非対称支持・非対称軸・ロータ系

解析で用いる主な記号は次のとおりとする．

OXY	：静止直交座標系で，O は静止平衡状態のロータ中心
$O\xi\eta$	：ロータと同じ角速度で回転する座標系で，ξ，η 方向は軸の曲げ主軸の方向
X，Y	：ロータ中心の座標
X_0，Y_0	：軸受け中心の座標
ξ，η	：回転座標からみた軸の変形量
k_ξ，k_η	：軸の曲げ主軸方向のばね定数
K_X，K_Y	：軸受けを支持するばねのばね定数（両側の合計）
m	：ロータの質量

M ：軸受けの質量（両側の合計）

ω ：軸の一定回転角速度

さらに

$$\Omega_\xi = \sqrt{\frac{k_\xi}{m}}, \quad \Omega_\eta = \sqrt{\frac{k_\eta}{m}}$$

$$\Omega_X = \sqrt{\frac{K_X}{m}}, \quad \Omega_Y = \sqrt{\frac{K_Y}{m}}$$

$${\Omega_0}^2 = \frac{1}{2}({\Omega_\xi}^2 + {\Omega_\eta}^2), \quad \Delta{\Omega_0}^2 = \frac{1}{2}({\Omega_\xi}^2 - {\Omega_\eta}^2)$$

$$\Omega^2 = \frac{1}{2}({\Omega_X}^2 + {\Omega_Y}^2), \quad \Delta\Omega^2 = \frac{1}{2}({\Omega_X}^2 - {\Omega_Y}^2)$$

$$\overline{\omega} = \frac{\omega}{\Omega}, \quad \tau = \Omega t, \quad \mu = \frac{M}{m}$$

$$\delta = \frac{\Delta{\Omega_0}^2}{{\Omega_0}^2}, \quad \varepsilon = \frac{\Delta\Omega^2}{\Omega^2}, \quad \gamma = \frac{{\Omega_0}^2}{\Omega^2}$$

を定義しておく．

5.3.2　運動方程式

パラメータ励振系の不安定領域を求めるときには，偏心は考える必要はないので，運動方程式は，ニュートンの第2法則により

$$\left.\begin{aligned} m\ddot{X} + k_\xi \xi \cos\omega t - k_\eta \eta \sin\omega t = 0 \\ m\ddot{Y} + k_\xi \xi \sin\omega t + k_\eta \eta \cos\omega t = 0 \\ M\ddot{X}_0 + K_X X_0 = k_\xi \xi \cos\omega t - k_\eta \eta \sin\omega t \\ M\ddot{Y}_0 + K_Y Y_0 = k_\xi \xi \sin\omega t + k_\eta \eta \cos\omega t \end{aligned}\right\} \tag{5.54}$$

となる．ただし，$t = 0$ のとき X 軸と ξ 軸が一致しているとすれば，軸の変形量は，

$$\left.\begin{aligned} \xi = (X - X_0)\cos\omega t + (Y - Y_0)\sin\omega t \\ \eta = -(X - X_0)\sin\omega t + (Y - Y_0)\cos\omega t \end{aligned}\right\} \tag{5.55}$$

と表される．

まず，式 (5.54) を m で割って整理すると

$$\left.\begin{aligned}
&\ddot{X} + \{\varOmega_0{}^2 + \Delta\varOmega_0{}^2 \cos 2\omega t\}(X - X_0) \\
&\quad + \Delta\varOmega_0{}^2 \sin 2\omega t(Y - Y_0) = 0 \\
&\ddot{Y} + \{\varOmega_0{}^2 - \Delta\varOmega_0{}^2 \cos 2\omega t\}(Y - Y_0) \\
&\quad + \Delta\varOmega_0{}^2 \sin 2\omega t(X - X_0) = 0 \\
&\mu\ddot{X}_0 + \varOmega_X{}^2 X_0 = \{\varOmega_0{}^2 + \Delta\varOmega_0{}^2 \cos 2\omega t\}(X - X_0) \\
&\qquad\qquad\qquad + \Delta\varOmega_0{}^2 \sin 2\omega t(Y - Y_0) \\
&\mu\ddot{Y}_0 + \varOmega_Y{}^2 Y_0 = \{\varOmega_0{}^2 - \Delta\varOmega_0{}^2 \cos 2\omega t\}(Y - Y_0) \\
&\qquad\qquad\qquad + \Delta\varOmega_0{}^2 \sin 2\omega t(X - X_0)
\end{aligned}\right\} \tag{5.56}$$

となり，さらに $\varOmega^2$ で割ると

$$\left.\begin{aligned}
&X'' + \gamma\big\{(1 + \delta\cos 2\overline{\omega}\tau)(X - X_0) + \delta\sin 2\overline{\omega}\tau(Y - Y_0)\big\} = 0 \\
&Y'' + \gamma\big\{(1 - \delta\cos 2\overline{\omega}\tau)(Y - Y_0) + \delta\sin 2\overline{\omega}\tau(X - X_0)\big\} = 0 \\
&\mu X_0'' + (1 + \varepsilon)X_0 \\
&\ = \gamma\big\{(1 + \delta\cos 2\overline{\omega}\tau)(X - X_0) + \delta\sin 2\overline{\omega}\tau(Y - Y_0)\big\} \\
&\mu Y_0'' + (1 - \varepsilon)Y_0 \\
&\ = \gamma\big\{(1 - \delta\cos 2\overline{\omega}\tau)(Y - Y_0) + \delta\sin 2\overline{\omega}\tau(X - X_0)\big\}
\end{aligned}\right\} \tag{5.57}$$

のように係数が無次元化される．これより，$\delta = 0$ つまり対称軸にすれば，定係数系になって，不安定振動が起きないことがわかる．そのため，**非対称軸の不安定振動を除くには，新たなみぞを切って対称軸にしなければならない．**

さて，以下の表記の簡単のためにベクトルと行列を用いると，式 (5.57) は

$$\boldsymbol{x}'' + \left\{\boldsymbol{A}_0 + \frac{\gamma\delta}{2}(\boldsymbol{A}_1 - j\boldsymbol{A}_2)e^{j2\overline{\omega}\tau} + \frac{\gamma\delta}{2}(\boldsymbol{A}_1 + j\boldsymbol{A}_2)e^{-j2\overline{\omega}\tau}\right\}\boldsymbol{x} = \boldsymbol{0} \tag{5.58}$$

のように書ける．ここに

$$\boldsymbol{x} = \begin{bmatrix} X \\ \sqrt{\mu}\,X_0 \\ Y \\ \sqrt{\mu}\,Y_0 \end{bmatrix}$$

$$\boldsymbol{A}_0 = \begin{bmatrix} \gamma & -\dfrac{\gamma}{\sqrt{\mu}} & 0 & 0 \\ -\dfrac{\gamma}{\sqrt{\mu}} & \dfrac{\gamma+(1+\varepsilon)}{\mu} & 0 & 0 \\ 0 & 0 & \gamma & -\dfrac{\gamma}{\sqrt{\mu}} \\ 0 & 0 & -\dfrac{\gamma}{\sqrt{\mu}} & \dfrac{\gamma+(1-\varepsilon)}{\mu} \end{bmatrix}$$

$$\boldsymbol{A}_1 = \begin{bmatrix} 1 & -\dfrac{1}{\sqrt{\mu}} & 0 & 0 \\ -\dfrac{1}{\sqrt{\mu}} & \dfrac{1}{\mu} & 0 & 0 \\ 0 & 0 & -1 & \dfrac{1}{\sqrt{\mu}} \\ 0 & 0 & \dfrac{1}{\sqrt{\mu}} & -\dfrac{1}{\mu} \end{bmatrix}$$

$$\boldsymbol{A}_2 = \begin{bmatrix} 0 & 0 & 1 & -\dfrac{1}{\sqrt{\mu}} \\ 0 & 0 & -\dfrac{1}{\sqrt{\mu}} & \dfrac{1}{\mu} \\ 1 & -\dfrac{1}{\sqrt{\mu}} & 0 & 0 \\ -\dfrac{1}{\sqrt{\mu}} & \dfrac{1}{\mu} & 0 & 0 \end{bmatrix}$$

である．

$\boldsymbol{A}_0$ を対角化しておくとあとの解析に便利であるので，$\boldsymbol{A}_0$ に対するモード行列を用いて対角化する．いま，$\boldsymbol{A}_0 = \mathrm{diag}\left[\boldsymbol{A}_{0X}\ \boldsymbol{A}_{0Y}\right]$ とおくと，固有値は

$$\left|\lambda \boldsymbol{E} - \boldsymbol{A}_{0X}\right| = \lambda^2 - \frac{\gamma(1+\mu)+(1+\varepsilon)}{\mu}\lambda + \frac{\gamma(1+\varepsilon)}{\mu} = 0 \qquad (5.59)$$

$$\left|\lambda \boldsymbol{E} - \boldsymbol{A}_{0Y}\right| = \lambda^2 - \frac{\gamma(1+\mu)+(1-\varepsilon)}{\mu}\lambda + \frac{\gamma(1-\varepsilon)}{\mu} = 0 \qquad (5.59)'$$

によって，

$$\left.\begin{array}{l}\lambda_{X1} = \overline{\omega}_{X1}{}^2 \\ \lambda_{X2} = \overline{\omega}_{X2}{}^2\end{array}\right\}$$
$$= \frac{1}{2\mu}\left[\gamma(1+\mu) + (1+\varepsilon) \pm \sqrt{\left\{\gamma(1+\mu) + (1+\varepsilon)\right\}^2 - 4\mu\gamma(1+\varepsilon)}\right] \tag{5.60}$$

$$\left.\begin{array}{l}\lambda_{Y1} = \overline{\omega}_{Y1}{}^2 \\ \lambda_{Y2} = \overline{\omega}_{Y2}{}^2\end{array}\right\}$$
$$= \frac{1}{2\mu}\left[\gamma(1+\mu) + (1-\varepsilon) \pm \sqrt{\left\{\gamma(1+\mu) + (1-\varepsilon)\right\}^2 - 4\mu\gamma(1-\varepsilon)}\right] \tag{5.60$'$}$$

のようになる．λ および $\overline{\omega}$ の二つ目の添え字 1 は複号の $+$ に対応し，添え字 2 は複号の $-$ に対応している．すると，これらに対応する正規固有ベクトルは

$$\boldsymbol{\phi}_{ik} = \frac{1}{\sqrt{\gamma^2 + \mu(\lambda_{ik} - \gamma)^2}}\begin{bmatrix}\gamma \\ -\sqrt{\mu}(\lambda_{ik} - \gamma)\end{bmatrix}$$
$$(i = X,\ Y;\ k = 1,\ 2) \tag{5.61}$$

となるので，対角化のためのモード行列は

$$\boldsymbol{T} = \mathrm{diag}\left[\boldsymbol{T}_X\ \boldsymbol{T}_Y\right], \quad \boldsymbol{T}_i = \left[\boldsymbol{\phi}_{i1}\ \boldsymbol{\phi}_{i2}\right] \tag{5.62}$$

のように定義される．

このとき，正則一次変換 $\boldsymbol{x} = \boldsymbol{T}\boldsymbol{y}$ によって式 (5.58) から，次のようなモード領域の関係式が導かれる．

$$\boldsymbol{y}'' + \left\{\boldsymbol{\Lambda} + \frac{\gamma\delta}{2}\left(\boldsymbol{A}_1^* - j\boldsymbol{A}_2^*\right)e^{j2\overline{\omega}\tau} + \frac{\gamma\delta}{2}\left(\boldsymbol{A}_1^* + j\boldsymbol{A}_2^*\right)e^{-j2\overline{\omega}\tau}\right\}\boldsymbol{y} = \boldsymbol{0} \tag{5.63}$$

ただし，

$$\boldsymbol{\Lambda} = \boldsymbol{T}^{-1}\boldsymbol{A}_0\boldsymbol{T} = \mathrm{diag}\left[\lambda_{X1}\ \lambda_{X2}\ \lambda_{Y1}\ \lambda_{Y2}\right]$$

$$\boldsymbol{A}_1^* = \boldsymbol{T}^{-1}\boldsymbol{A}_1\boldsymbol{T} = \begin{bmatrix}\boldsymbol{T}_X{}^{-1}\boldsymbol{A}_3\boldsymbol{T}_X & \boldsymbol{0} \\ \boldsymbol{0} & -\boldsymbol{T}_Y{}^{-1}\boldsymbol{A}_3\boldsymbol{T}_Y\end{bmatrix}$$

$$\boldsymbol{A}_3 = \begin{bmatrix}1 & \dfrac{-1}{\sqrt{\mu}} \\ \dfrac{-1}{\sqrt{\mu}} & \dfrac{1}{\mu}\end{bmatrix}$$

$$
\boldsymbol{A}_2^* = \boldsymbol{T}^{-1}\boldsymbol{A}_2\boldsymbol{T} = \begin{bmatrix} \boldsymbol{0} & {\boldsymbol{T}_X}^{-1}\boldsymbol{A}_3\boldsymbol{T}_Y \\ {\boldsymbol{T}_Y}^{-1}\boldsymbol{A}_3\boldsymbol{T}_X & \boldsymbol{0} \end{bmatrix}
$$

$$
{\boldsymbol{T}_i}^{-1}\boldsymbol{A}_3\boldsymbol{T}_j = \begin{bmatrix} {a_{11}}^{ij} & {a_{12}}^{ij} \\ {a_{21}}^{ij} & {a_{22}}^{ij} \end{bmatrix} \qquad (i, j = X, Y)
$$

$$
{a_{kl}}^{ij} = \frac{\lambda_{ik}}{\sqrt{\gamma^2 + \mu(\lambda_{ik} - \gamma)^2}} \frac{\lambda_{jl}}{\sqrt{\gamma^2 + \mu(\lambda_{jl} - \gamma)^2}} \qquad (k, l = 1, 2)
$$

である．

5.3.3　特性方程式

式 (5.63) の解を

$$
\boldsymbol{y} = \sum_{n=-\infty}^{\infty} \boldsymbol{c}_n e^{j(z+n\omega)\tau} \tag{5.64}
$$

とおくことにより，特性方程式は偶数の n に対しては

$$
F(z) = \begin{vmatrix} \ddots & \vdots & \vdots & \vdots & \iddots \\ \cdots & \boldsymbol{\Lambda} - (z - 2\overline{\omega})^2\boldsymbol{E} & \dfrac{\gamma\delta}{2}(\boldsymbol{A}_1^* + j\boldsymbol{A}_2^*) & \boldsymbol{0} & \cdots \\ \cdots & \dfrac{\gamma\delta}{2}(\boldsymbol{A}_1^* - j\boldsymbol{A}_2^*) & \boldsymbol{\Lambda} - z^2\boldsymbol{E} & \dfrac{\gamma\delta}{2}(\boldsymbol{A}_1^* + j\boldsymbol{A}_2^*) & \cdots \\ \cdots & \boldsymbol{0} & \dfrac{\gamma\delta}{2}(\boldsymbol{A}_1^* - j\boldsymbol{A}_2^*) & \boldsymbol{\Lambda} - (z + 2\overline{\omega})^2\boldsymbol{E} & \cdots \\ \iddots & \vdots & \vdots & \vdots & \ddots \end{vmatrix} = 0 \tag{5.65}
$$

となり，奇数の n については

$$
G(z) = \begin{vmatrix} \ddots & \vdots & \vdots & \vdots & \iddots \\ \cdots & \boldsymbol{\Lambda} - (z - 3\overline{\omega})^2\boldsymbol{E} & \dfrac{\gamma\delta}{2}(\boldsymbol{A}_1^* + j\boldsymbol{A}_2^*) & \boldsymbol{0} & \cdots \\ \cdots & \dfrac{\gamma\delta}{2}(\boldsymbol{A}_1^* - j\boldsymbol{A}_2^*) & \boldsymbol{\Lambda} - (z - \overline{\omega})^2\boldsymbol{E} & \dfrac{\gamma\delta}{2}(\boldsymbol{A}_1^* + j\boldsymbol{A}_2^*) & \cdots \\ \cdots & \boldsymbol{0} & \dfrac{\gamma\delta}{2}(\boldsymbol{A}_1^* - j\boldsymbol{A}_2^*) & \boldsymbol{\Lambda} - (z + \overline{\omega})^2\boldsymbol{E} & \cdots \\ \iddots & \vdots & \vdots & \vdots & \ddots \end{vmatrix}
$$

$$= 0 \tag{5.66}$$

となる．このままでは非対角ブロックに純虚数が含まれるので，各ブロックの最初の2行に純虚数 $j = \sqrt{-1}$ をかけ，最初の2列を j で割れば，すべてが実数になる．

すなわち

$$j\boldsymbol{A}_2^* \to \boldsymbol{A}_4^* = \begin{bmatrix} \boldsymbol{0} & -\boldsymbol{T}_X{}^{-1}\boldsymbol{A}_3\boldsymbol{T}_Y \\ \boldsymbol{T}_Y{}^{-1}\boldsymbol{A}_3\boldsymbol{T}_X & \boldsymbol{0} \end{bmatrix} \tag{5.67}$$

と書き換えるだけで，式 (5.65)，(5.66) は次のようになる．

$$F(z) = \begin{vmatrix} \ddots & \vdots & \vdots & \vdots & \iddots \\ \cdots & \boldsymbol{\mathit{\Lambda}} - (z - 2\overline{\omega})^2\boldsymbol{E} & \dfrac{\gamma\delta}{2}(\boldsymbol{A}_1^* + \boldsymbol{A}_4^*) & \boldsymbol{0} & \cdots \\ \cdots & \dfrac{\gamma\delta}{2}(\boldsymbol{A}_1^* - \boldsymbol{A}_4^*) & \boldsymbol{\mathit{\Lambda}} - z^2\boldsymbol{E} & \dfrac{\gamma\delta}{2}(\boldsymbol{A}_1^* + \boldsymbol{A}_4^*) & \cdots \\ \cdots & \boldsymbol{0} & \dfrac{\gamma\delta}{2}(\boldsymbol{A}_1^* - \boldsymbol{A}_4^*) & \boldsymbol{\mathit{\Lambda}} - (z + 2\overline{\omega})^2\boldsymbol{E} & \cdots \\ \iddots & \vdots & \vdots & \vdots & \ddots \end{vmatrix}$$

$$= 0 \tag{5.68}$$

および

$$G(z) = \begin{vmatrix} \ddots & \vdots & \vdots & \vdots & \iddots \\ \cdots & \boldsymbol{\mathit{\Lambda}} - (z - 3\overline{\omega})^2\boldsymbol{E} & \dfrac{\gamma\delta}{2}(\boldsymbol{A}_1^* + \boldsymbol{A}_4^*) & \boldsymbol{0} & \cdots \\ \cdots & \dfrac{\gamma\delta}{2}(\boldsymbol{A}_1^* - \boldsymbol{A}_4^*) & \boldsymbol{\mathit{\Lambda}} - (z - \overline{\omega})^2\boldsymbol{E} & \dfrac{\gamma\delta}{2}(\boldsymbol{A}_1^* + \boldsymbol{A}_4^*) & \cdots \\ \cdots & \boldsymbol{0} & \dfrac{\gamma\delta}{2}(\boldsymbol{A}_1^* - \boldsymbol{A}_4^*) & \boldsymbol{\mathit{\Lambda}} - (z + \overline{\omega})^2\boldsymbol{E} & \cdots \\ \iddots & \vdots & \vdots & \vdots & \ddots \end{vmatrix}$$

$$= 0 \tag{5.69}$$

このように変形することによって，$\delta = 0$（$\Delta\mathit{\Omega}_0{}^2 = 0$; 対称軸）のときの z–$\overline{\omega}$ 座標での解の直線群が容易に描ける．実際，$\delta = 0$ とおくと

$$z = \pm\overline{\omega}_{ik} + n\overline{\omega} \qquad (n \text{ は偶数または奇数}) \tag{5.70}$$

が得られる．図 5.10 は n が奇数のときの解直線群の例を示している．

5.3.4　不安定領域

不安定領域は，$\delta \neq 0$ とおいて式 (5.68) または式 (5.69) の無限次の行列式を有限次で近似して z–$\overline{\omega}$ 曲線を描いたとき，$|z| < \overline{\omega}$ の範囲内に 4 実数解 z が存在しないような $\overline{\omega}$ の領域である．

図 5.10 の例では，I，II の部分では式 (5.68) または式 (5.69) は 4 行 4 列でもある程度近似できることがわかるが，III の部分では 8 本の直線が密集しているため，少なくとも 8 本の直線に対応する対角要素をふくむ 8 行 8 列で式 (5.68) または式 (5.69) を近似する必要がある．

図 5.11〜5.13 の実線は式 (5.69) を 20 行 20 列で近似して求めた z–$\overline{\omega}$ 曲線の例を示している．

以上のようにして求めた不安定領域の例を図 5.14 に示す．図（a）は δ–ε–$\overline{\omega}$ 座標で，図（b）は μ–$\overline{\omega}$ 座標で表したものである．

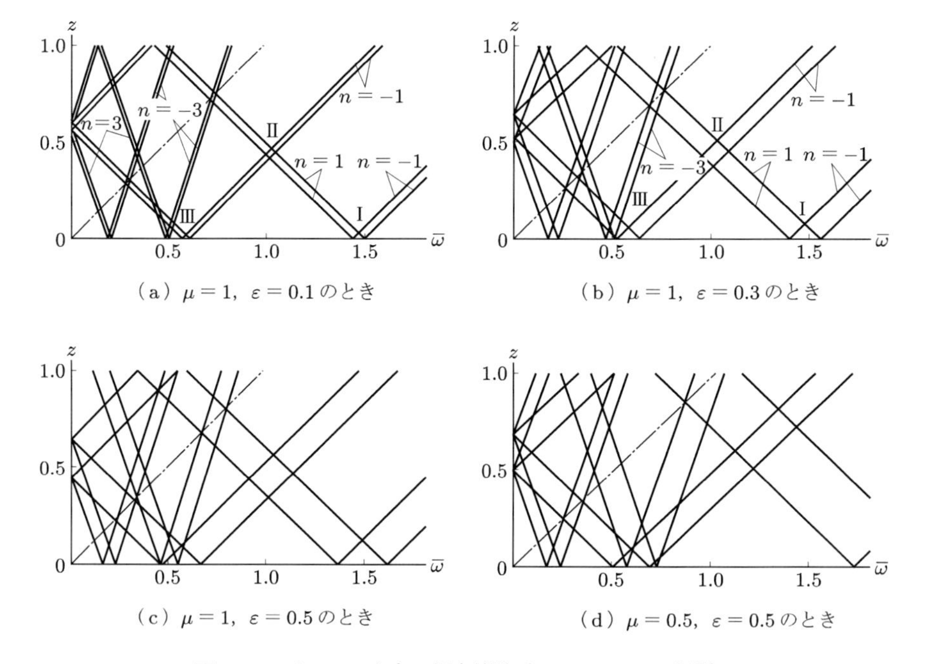

（a）$\mu = 1$，$\varepsilon = 0.1$ のとき　（b）$\mu = 1$，$\varepsilon = 0.3$ のとき

（c）$\mu = 1$，$\varepsilon = 0.5$ のとき　（d）$\mu = 0.5$，$\varepsilon = 0.5$ のとき

図 5.10　$\delta = 0$ のときの解直線群（$\gamma = 0.75$，n: 奇数）

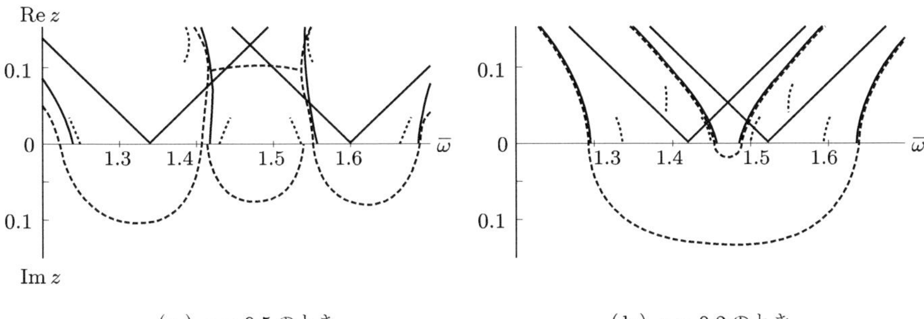

（a）$\varepsilon = 0.5$ のとき　　（b）$\varepsilon = 0.2$ のとき

図 **5.11**　領域 I での解の曲線 ($\gamma = 0.75$, $\delta = 1/3$, $\eta = 1$)

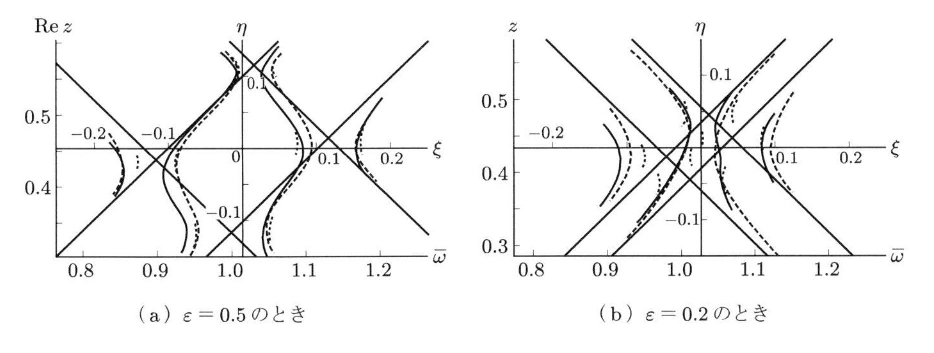

（a）$\varepsilon = 0.5$ のとき　　（b）$\varepsilon = 0.2$ のとき

図 **5.12**　領域 II での解の曲線 ($\gamma = 0.75$, $\delta = 1/3$, $\mu = 1$)

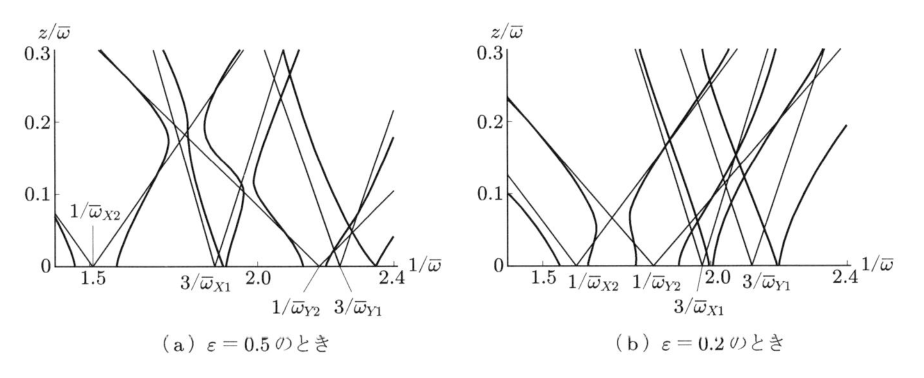

（a）$\varepsilon = 0.5$ のとき　　（b）$\varepsilon = 0.2$ のとき

図 **5.13**　領域 III での解の曲線 ($\gamma = 0.75$, $\delta = 1/3$, $\mu = 1$)

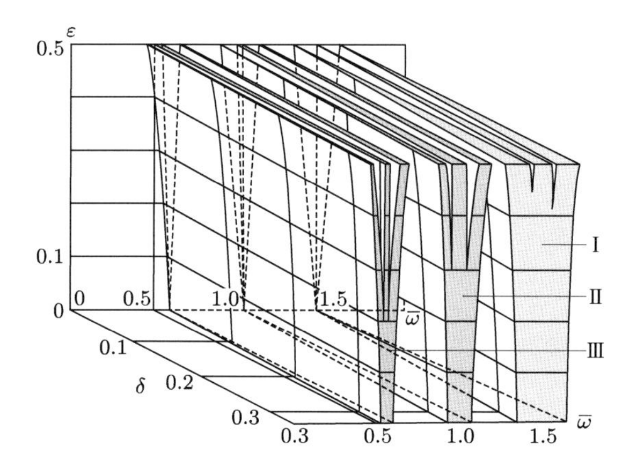

（a）$\mu=1$ のとき

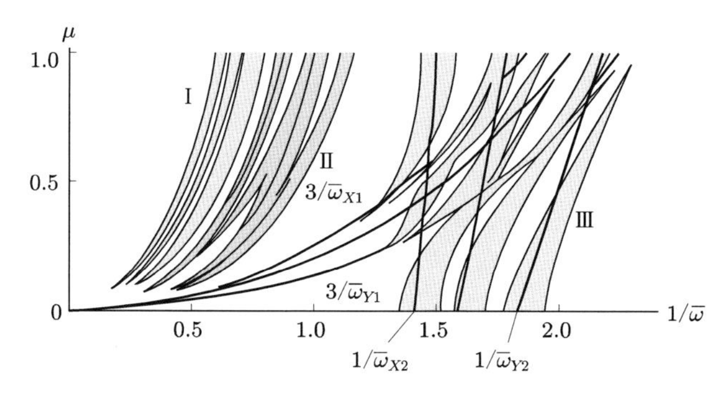

（b）$\delta=1/3,\ \varepsilon=0.5$ のとき

図 **5.14**　不安定領域 ($\gamma=0.75$)

5.3.5　$z-\overline{\omega}$ 曲線の近似

図 5.10 の I，II の部分の交点付近で，式 (5.69) を 2 行 2 列で近似すると

$$\begin{vmatrix} \lambda_{jl}-(z-\overline{\omega})^2 & \pm {a_{lk}}^{ji} \\ \pm {a_{kl}}^{ij} & \lambda_{ik}-(z+\overline{\omega})^2 \end{vmatrix}=0 \tag{5.71}$$

となる．ただし，非対角要素の ± は $i,j=X,Y$ および $k,l=1,2$ の組合せによって決まる（式 (5.63) 参照）．この式を展開し，整理すると次式が得られる．

$$\left(\overline{\omega}-\frac{\overline{\omega}_{ik}+\overline{\omega}_{jl}}{2}\right)^2-\left(z-\frac{\overline{\omega}_{ik}-\overline{\omega}_{jl}}{2}\right)^2=\frac{({a_{kl}}^{ij})^2}{4\overline{\omega}_{ik}\overline{\omega}_{jl}} \tag{5.72}$$

図 5.11，5.12 の点線はこの式による双曲線を表している．

次に，さらに精度のよい結果を得るために，I の部分で式 (5.69) を 4 行 4 列で近似すると

$$\begin{vmatrix} \lambda_{X1}-(z-\overline{\omega})^2 & 0 & {a_{11}}^{XX} & -{a_{11}}^{XY} \\ 0 & \lambda_{Y1}-(z-\overline{\omega})^2 & {a_{11}}^{YX} & -{a_{11}}^{YY} \\ {a_{11}}^{XX} & {a_{11}}^{XY} & \lambda_{X1}-(z+\overline{\omega})^2 & 0 \\ -{a_{11}}^{YX} & -{a_{11}}^{YY} & 0 & \lambda_{Y1}-(z+\overline{\omega})^2 \end{vmatrix}=0 \tag{5.73}$$

となり，これを展開し，整理すると次式が得られる．

$$z^4-A(\xi)z^2+B(\xi)=0 \tag{5.74}$$

ここに，

$$\begin{aligned}
&\xi=\overline{\omega}-\frac{\overline{\omega}_{X1}+\overline{\omega}_{Y1}}{2}, \quad \overline{\omega}_b=\frac{\overline{\omega}_{X1}-\overline{\omega}_{Y1}}{2} \\
&A(\xi)=2\xi^2+2{\overline{\omega}_b}^2-\left(\frac{a_{10}+a_{20}}{2}\right)^2 \\
&B(\xi)=\xi^4-\left\{2{\overline{\omega}_b}^2+\left(\frac{a_{10}+a_{20}}{2}\right)^2\right\}\xi^2 \\
&\qquad\quad -\frac{{a_{10}}^2-{a_{20}}^2}{2}\overline{\omega}_b\xi+{\overline{\omega}_b}^4-\left(\frac{a_{10}-a_{20}}{2}\right)^2{\overline{\omega}_b}^2 \\
&a_{10}=\frac{{a_{11}}^{XX}}{\overline{\omega}_{X1}}, \quad a_{20}=\frac{{a_{11}}^{YY}}{\overline{\omega}_{Y1}}
\end{aligned}$$

である．図 5.11 の破線は，これによる結果を表している．

同じく，II の部分のもっと精度のよい結果を得るために，式 (5.69) を 4 行 4 列で近似すると

$$\begin{vmatrix} \lambda_{X2}-(z-\overline{\omega})^2 & 0 & {a_{21}}^{XX} & -{a_{21}}^{XY} \\ 0 & \lambda_{Y2}-(z-\overline{\omega})^2 & {a_{21}}^{YX} & -{a_{21}}^{YY} \\ {a_{12}}^{XX} & {a_{12}}^{XY} & \lambda_{X1}-(z+\overline{\omega})^2 & 0 \\ -{a_{12}}^{YX} & -{a_{12}}^{YY} & 0 & \lambda_{Y1}-(z+\overline{\omega})^2 \end{vmatrix}=0 \tag{5.75}$$

となり，これを展開し，整理すると次式が得られる．

$$\eta^4 + A_1(\xi)\eta^2 + A_2(\xi)\eta + A_3(\xi) = 0 \tag{5.76}$$

ここに，

$$\begin{aligned}
\xi &= \overline{\omega} - \frac{\overline{\omega}_{X1} + \overline{\omega}_{X2} + \overline{\omega}_{Y1} + \overline{\omega}_{Y2}}{4} \\
\eta &= z - \frac{\overline{\omega}_{X1} - \overline{\omega}_{X2} + \overline{\omega}_{Y1} - \overline{\omega}_{Y2}}{4} \\
A_1(\xi) &= -2\xi^2 - \overline{\omega}_b{}^2 - \overline{\omega}_c{}^2 - \frac{1}{4}(a_1 + a_2 + a_3 + a_4) \\
A_2(\xi) &= 2\xi(\overline{\omega}_b{}^2 - \overline{\omega}_c{}^2) + \frac{1}{4}\Big\{(a_1 - a_4)(\overline{\omega}_b - \overline{\omega}_c) - (a_2 - a_3)(\overline{\omega}_b + \overline{\omega}_c)\Big\} \\
A_3(\xi) &= \xi^4 - \Big\{\overline{\omega}_b{}^2 + \overline{\omega}_c{}^2 + \frac{1}{4}(a_1 + a_2 + a_3 + a_4)\Big\}\xi^2 \\
&\quad - \frac{1}{4}\Big\{(a_1 - a_4)(\overline{\omega}_b - \overline{\omega}_c) - (a_2 - a_3)(\overline{\omega}_b + \overline{\omega}_c)\Big\}\xi + \overline{\omega}_b{}^2\overline{\omega}_c{}^2 \\
&\quad - \frac{1}{4}\overline{\omega}_b\overline{\omega}_c(a_1 - a_2 - a_3 + a_4) \\
\overline{\omega}_c &= \frac{\overline{\omega}_{X2} - \overline{\omega}_{Y2}}{2} \\
a_1 &= \frac{(a_{12}{}^{XX})^2}{\overline{\omega}_{X1}\overline{\omega}_{X2}}, \quad a_2 = \frac{(a_{21}{}^{XY})^2}{\overline{\omega}_{X1}\overline{\omega}_{X2}} \\
a_3 &= \frac{(a_{12}{}^{XY})^2}{\overline{\omega}_{X1}\overline{\omega}_{X2}}, \quad a_4 = \frac{(a_{12}{}^{YY})^2}{\overline{\omega}_{X1}\overline{\omega}_{X2}}
\end{aligned}$$

である．図 5.12 の破線は，これによる近似の結果である．

5.4　軸受け固定の非対称軸・ロータ系の振動

5.3 節の系のなかでもっとも単純な「軸受け固定・非対称軸・ロータ系の振動」を考えてみよう．すでに 1.1 節で述べたように，これの運動方程式 (1.5) は，座標変換 (1.6) によって定係数の運動方程式 (1.9) に変換できるため，運動の不安定領域を厳密に求めることができる数少ない例である．したがって，無限次の行列式をわざわざ用いる必要はないが，比較参照のために，無限次行列式を用いた近似計算の結果も示す．

まず，近似解を示す．運動方程式はすでに式 (1.5) に示したが，式 (5.56) において $X_0 = Y_0 = 0$ とすることによっても導かれる．すなわち，次式が得られる．

$$\left.\begin{aligned}
\ddot{X} + (\Omega_0{}^2 + \Delta\Omega_0{}^2\cos 2\omega t)X + \Delta\Omega_0{}^2\sin 2\omega t Y = 0 \\
\ddot{Y} + (\Omega_0{}^2 - \Delta\Omega_0{}^2\cos 2\omega t)Y + \Delta\Omega_0{}^2\sin 2\omega t X = 0
\end{aligned}\right\} \tag{5.77}$$

前節とは違って，

$$\overline{\omega} = \frac{\omega}{\Omega_0}, \quad \tau = \Omega_0 t, \quad ' = \frac{d}{d\tau}, \quad \delta = \frac{\Delta \Omega_0{}^2}{\Omega_0{}^2}$$

と定義すると，式 (5.77) は

$$\left.\begin{aligned} X'' + (1 + \delta\cos 2\overline{\omega}\tau)X + \delta\sin 2\overline{\omega}\tau Y = 0 \\ Y'' + (1 - \delta\cos 2\overline{\omega}\tau)Y + \delta\sin 2\overline{\omega}\tau X = 0 \end{aligned}\right\} \tag{5.78}$$

のように係数が無次元化される．ここでも，**対称軸にすれば，定係数系となって不安定振動はおきない．**

表記の簡単のためにベクトルと行列を用いると，式 (5.78) は次のようになる．

$$\boldsymbol{x}'' + \left\{\boldsymbol{E} + \frac{\delta}{2}(\boldsymbol{A}_1 - j\boldsymbol{A}_2)e^{j2\overline{\omega}\tau} + \frac{\delta}{2}(\boldsymbol{A}_1 + j\boldsymbol{A}_2)e^{-j2\overline{\omega}\tau}\right\}\boldsymbol{x} = \boldsymbol{0} \tag{5.79}$$

ここに，

$$\boldsymbol{x} = \begin{bmatrix} X \\ Y \end{bmatrix}, \quad \boldsymbol{A}_1 = \begin{bmatrix} 1 & 0 \\ 0 & -1 \end{bmatrix}, \quad \boldsymbol{A}_2 = \begin{bmatrix} 0 & 1 \\ 1 & 0 \end{bmatrix}$$

である．

すると，特性方程式は偶数の n に対しては

$$F(z) = \begin{vmatrix} \ddots & \vdots & \vdots & \vdots & \iddots \\ \cdots & \boldsymbol{E} - (z - 2\overline{\omega})^2\boldsymbol{E} & \frac{\delta}{2}(\boldsymbol{A}_1 + j\boldsymbol{A}_2) & \boldsymbol{0} & \cdots \\ \cdots & \frac{\delta}{2}(\boldsymbol{A}_1 - j\boldsymbol{A}_2) & \boldsymbol{E} - z^2\boldsymbol{E} & \frac{\delta}{2}(\boldsymbol{A}_1 + j\boldsymbol{A}_2) & \cdots \\ \cdots & \boldsymbol{0} & \frac{\delta}{2}(\boldsymbol{A}_1 - j\boldsymbol{A}_2) & \boldsymbol{E} - (z + 2\overline{\omega})^2\boldsymbol{E} & \cdots \\ \iddots & \vdots & \vdots & \vdots & \ddots \end{vmatrix} = 0 \tag{5.80}$$

となり，奇数の n については

$$G(z) = \begin{vmatrix} \ddots & \vdots & \vdots & \vdots & \iddots \\ \cdots & \boldsymbol{E}-(z-3\overline{\omega})^2\boldsymbol{E} & \frac{\delta}{2}(\boldsymbol{A}_1+j\boldsymbol{A}_2) & \boldsymbol{0} & \cdots \\ \cdots & \frac{\delta}{2}(\boldsymbol{A}_1-j\boldsymbol{A}_2) & \boldsymbol{E}-(z-\overline{\omega})^2\boldsymbol{E} & \frac{\delta}{2}(\boldsymbol{A}_1+j\boldsymbol{A}_2) & \cdots \\ \cdots & \boldsymbol{0} & \frac{\delta}{2}(\boldsymbol{A}_1-j\boldsymbol{A}_2) & \boldsymbol{E}-(z+\overline{\omega})^2\boldsymbol{E} & \cdots \\ \iddots & \vdots & \vdots & \vdots & \ddots \end{vmatrix} = 0 \tag{5.81}$$

となる（要素の実数化の手順は前節と同じ）．$\delta = 0$ とおいたときの解直線群は

$$z = \pm 1 - n\overline{\omega} \qquad (n：偶数または奇数) \tag{5.82}$$

で与えられる（図 5.15）．

$\overline{\omega} = 1$ 付近の不安定領域を求めるために，式 (5.81) を次のような 4 行 4 列で近似する．

$$\begin{vmatrix} 1-(z-\overline{\omega})^2 & 0 & \frac{\delta}{2} & -\frac{\delta}{2} \\ 0 & 1-(z-\overline{\omega})^2 & \frac{\delta}{2} & -\frac{\delta}{2} \\ \frac{\delta}{2} & \frac{\delta}{2} & 1-(z+\overline{\omega})^2 & 0 \\ -\frac{\delta}{2} & -\frac{\delta}{2} & 0 & 1-(z+\overline{\omega})^2 \end{vmatrix}$$

$$\fallingdotseq \begin{vmatrix} 2\{1+(z-\overline{\omega})\} & 0 & \frac{\delta}{2} & -\frac{\delta}{2} \\ 0 & 2\{1+(z-\overline{\omega})\} & \frac{\delta}{2} & -\frac{\delta}{2} \\ \frac{\delta}{2} & \frac{\delta}{2} & 2\{1-(z+\overline{\omega})\} & 0 \\ -\frac{\delta}{2} & -\frac{\delta}{2} & 0 & 2\{1-(z+\overline{\omega})\} \end{vmatrix} = 0 \tag{5.83}$$

これを展開・整理すると

$$(1-\overline{\omega})^2 - z^2 = \left(\frac{\delta}{2}\right)^2 \tag{5.84}$$

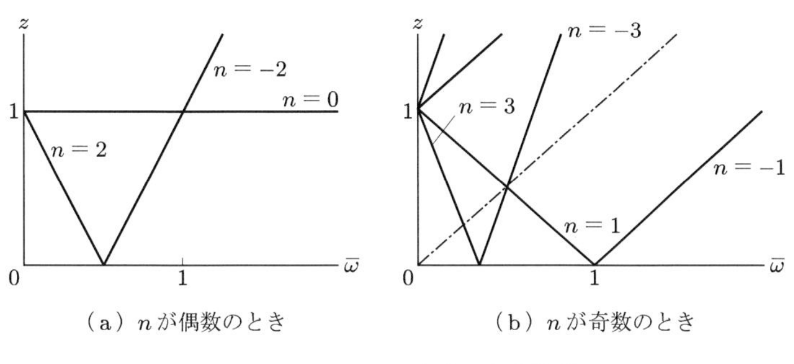

（a）n が偶数のとき　（b）n が奇数のとき

図 **5.15**　$\delta=0$ のときの解直線群

となり，実数の z が存在しない不安定領域は

$$1-\frac{\delta}{2}<\overline{\omega}<1+\frac{\delta}{2} \tag{5.85}$$

となる．なお，二乗すると

$$1-\delta+\left(\frac{\delta}{2}\right)^2<\overline{\omega}^2<1+\delta+\left(\frac{\delta}{2}\right)^2 \tag{5.86}$$

となる．

次に，1.1 節で示した座標変換を用いて厳密解を求めてみよう．座標変換

$$\begin{bmatrix} X \\ Y \end{bmatrix} = \begin{bmatrix} \cos\omega t & -\sin\omega t \\ \sin\omega t & \cos\omega t \end{bmatrix} \begin{bmatrix} \xi \\ \eta \end{bmatrix} \tag{5.87}$$

によって，式 (5.77) は定係数系

$$\left.\begin{aligned} &\ddot{\xi}-2\omega\dot{\eta}+({\Omega_\xi}^2-\omega^2)\xi=0 \\ &\ddot{\eta}+2\omega\dot{\xi}+({\Omega_\eta}^2-\omega^2)\eta=0 \end{aligned}\right\} \tag{5.88}$$

に変換される．これの解を

$$\xi=Ae^{\lambda t},\quad \eta=Be^{\lambda t} \tag{5.89}$$

と仮定すれば，特性方程式は

$$\begin{vmatrix} \lambda^2+{\Omega_\xi}^2-\omega^2 & -2\omega\lambda \\ 2\omega\lambda & \lambda^2+{\Omega_\eta}^2-\omega^2 \end{vmatrix}$$
$$=\lambda^4+({\Omega_\xi}^2+{\Omega_\eta}^2+2\omega^2)\lambda^2+({\Omega_\xi}^2-\omega^2)({\Omega_\eta}^2-\omega^2)=0 \tag{5.90}$$

となり，λ^2 は常に実数解をもつ．式 (5.90) の定数項が正ならば，解と係数の関係から λ^2 は 2 解とも負となり，λ は純虚数で，解 (5.89) は振動成分のみをもつ．定数項が負ならば λ^2 は異符号となるので，λ は必ず正解をもち，解 (5.89) は発散する

成分をもつ．すなわち，不安定となる．こうして，不安定領域は

$$\Omega_\eta{}^2 < \omega^2 < \Omega_\xi{}^2 \qquad (\Omega_\eta{}^2 < \Omega_\xi{}^2 \text{ のとき}) \tag{5.91}$$

となる．ところで

$$\Omega_\xi{}^2 = \Omega_0{}^2 + \Delta\Omega_0{}^2, \quad \Omega_\eta{}^2 = \Omega_0{}^2 - \Delta\Omega_0{}^2$$

であるので，

$$\Omega_0{}^2 - \Delta\Omega_0{}^2 < \omega^2 < \Omega_0{}^2 + \Delta\Omega_0{}^2 \tag{5.92}$$

となり，無次元化すると

$$1 - \delta < \overline{\omega}^2 < 1 + \delta \tag{5.93}$$

となる．これが，式 (5.86) に対応する不安定領域の厳密解である．したがって，近似式 (5.86) は $(\delta/2)^2$ の誤差を有することがわかる．

5.5　張力が周期的に変化する弦の振動

この節では 1.2 節で紹介したメルデの実験について考えよう．図 5.16 のように一端が固定され，他端が音叉に結び付けられた，長さが l，線密度が σ，張力が T の弦の運動方程式は

$$\sigma \frac{\partial^2 u}{\partial t^2} + T \frac{\partial^2 u}{\partial x^2} = 0 \tag{5.94}$$

で与えられる．ただし，u は弦の変位である．メルデの実験の場合，音叉の振動によって張力は近似的に

$$T = T_0 + T_1 \cos \omega t \tag{5.95}$$

のように変化する．したがって，運動方程式は次のようになる．

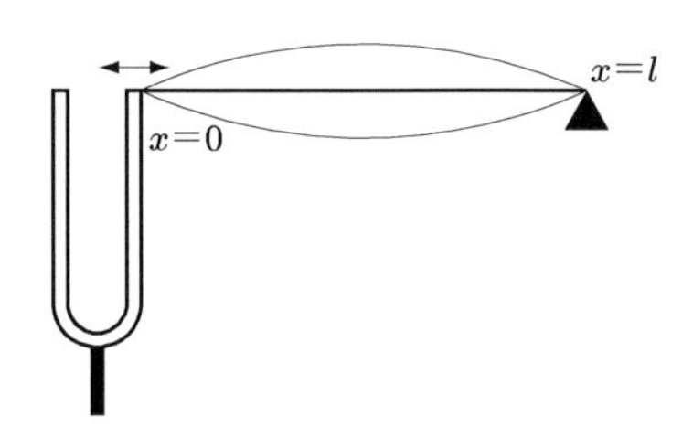

図 5.16　メルデの実験

$$\sigma \frac{\partial^2 u}{\partial t^2} + (T_0 + T_1 \cos \omega t) \frac{\partial^2 u}{\partial x^2} = 0 \tag{5.96}$$

これを，張力が一定，つまり $T_1 = 0$ のときの弦の正規固有関数を用いて，固有モード別の微分方程式に変形しよう．$T_1 = 0$ のときの弦の正規固有関数は

$$X_n(x) = \sqrt{\frac{2}{l}} \sin \frac{n\pi x}{l} \tag{5.97}$$

であり，固有振動数は

$$\omega_n = \frac{n\pi a}{l}, \quad a^2 = \frac{T_0}{\sigma} \tag{5.98}$$

である．運動方程式 (5.96) の解を正規固有関数 $X_n(x)$ で級数展開して

$$u(x,t) = \sum_{n=1}^{\infty} X_n(x) \psi_n(t) \tag{5.99}$$

と表そう．ただし，正規固有関数に関しては，正規直交関数の性質

$$\left.\begin{aligned} &\int_0^l X_m(x) X_n(x)\, dx = \delta_{mn} \\ &\int_0^l X_m(x) \frac{d^2 X_n(x)}{dx^2} dx = \left(\frac{\omega_m}{a}\right)^2 \delta_{mn} \end{aligned}\right\} \tag{5.100}$$

が成り立つ．

級数 (5.99) を式 (5.96) に代入すれば，

$$\sigma \sum_{n=1}^{\infty} X_n(x) \ddot{\psi}_n(t) + (T_0 + T_1 \cos \omega t) \sum_{n=1}^{\infty} \frac{d^2 X_n(x)}{dx^2} \psi_n(t) = 0 \tag{5.101}$$

となり，これに第 m 次の正規固有関数 $X_m(x)$ をかけて，座標 x について 0 から l まで積分すると，式 (5.100) によって

$$\sigma \ddot{\psi}_m(t) + (T_0 + T_1 \cos \omega t) \left(\frac{\omega_m}{a}\right)^2 \psi_m(t) = 0 \tag{5.102}$$

が成り立つ．これを σ で割れば次のようになる．

$$\ddot{\psi}_m(t) + {\omega_m}^2 \left(1 + \frac{T_1}{T_0} \cos \omega t\right) \psi_m(t) = 0 \tag{5.102$'$}$$

ここで，

$${\omega_m}^2 = \delta, \quad {\omega_m}^2 \frac{T_1}{T_0} = \varepsilon, \quad \psi_m = \psi$$

という記号を導入すると，モード番号 m にかかわりなく式 (5.102)$'$ は

$$\ddot{\psi} + (\delta + \varepsilon \cos \omega t)\psi = 0 \tag{5.102$''$}$$

というマシューの方程式になる．したがって，もっとも広い第1次不安定領域は式 (4.32)$''$ によって，

$$2\omega_m - \frac{\omega_m}{2}\frac{T_1}{T_0} < \omega < 2\omega_m + \frac{\omega_m}{2}\frac{T_1}{T_0}$$

となる．こうして，固有振動数の2倍の振動数で張力を変化させると，いわゆる主共振状態になって，弦は激しく振動することがわかる．

5.6　周期軸力を受ける柱の振動

構造物などでは，周期的に変化する軸力の作用を受ける柱の振動がしばしば問題となる．この問題は，柱の境界条件と軸力の作用の仕方によって，図5.17のように分類される（文献19)参照）．

いずれの場合でも，微小振動と一様断面梁を仮定すると，運動方程式は次のようになる．

$$\frac{\partial^2 y}{\partial t^2} + a^2\frac{\partial^4 y}{\partial x^4} + \frac{P(t)}{\rho A}\frac{\partial^2 y}{\partial x^2} = 0 \qquad \left(a^2 = \frac{EI}{\rho A}\right) \tag{5.103}$$

ここに，y は柱の横変位，x は柱に沿って上向きに取った座標，$P(t)$ は周期軸力，ρA は柱の単位長さあたりの質量，EI は柱の曲げ剛性である．ただし，周期軸力が作用すると，柱の縦振動によって軸圧縮力の分布が $P(t)$ とは異なったものになるので，ここでは周期軸力 $P(t)$ は柱に一様に作用するものと仮定しておく．

境界条件にかかわりなく一般的に議論するために，$P(t) = 0$ のときの与えられた境界条件を満足する正規固有関数を $Y_n(x)$，固有振動数を ω_n とし，運動方程式 (5.103) の解を正規固有関数 $Y_n(x)$ で級数展開すると次のようになる．

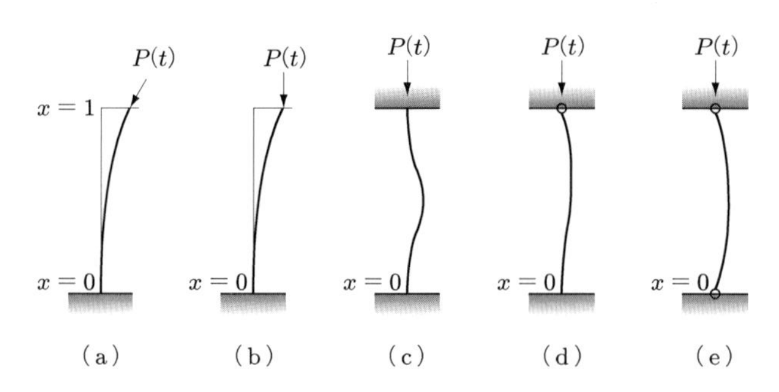

図 5.17　周期軸力を受ける柱

$$y(x,t) = \sum_{n=1}^{\infty} Y_n(x)\psi_n(t) \tag{5.104}$$

ただし，

$$\left.\begin{aligned} &\int_0^l Y_m(x)Y_n(x)\,dx = \delta_{mn} \\ &\int_0^l Y_m(x)\frac{d^4Y_n(x)}{dx^4}dx = \left(\frac{\omega_m}{a}\right)^2\delta_{mn} \end{aligned}\right\} \tag{5.105}$$

という関係式が成り立つ．

まず，式 (5.104) を式 (5.103) に代入すると

$$\sum_{n=1}^{\infty} Y_n(x)\ddot{\psi}_n(t) + a^2\sum_{n=1}^{\infty}\frac{d^4Y_n(x)}{dx^4}\psi_n(t) + \frac{P(t)}{\rho A}\sum_{n=1}^{\infty}\frac{d^2Y_n(x)}{dx^2}\psi_n(t) = 0 \tag{5.106}$$

となり，これに $Y_m(x)$ をかけて柱の全長にわたって積分し，関係式 (5.105) を用いて整理すると

$$\ddot{\psi}_m(t) + {\omega_m}^2\psi_m(t) + \frac{P(t)}{\rho A}\sum_{n=1}^{\infty}\psi_n(t)\int_0^l Y_m(x)\frac{d^2Y_n(x)}{dx^2}dx = 0 \tag{5.107}$$

が得られる．表記の簡単のために

$$\int_0^l Y_m(x)\frac{d^2Y_n(x)}{dx^2}dx = \alpha_{mn} \tag{5.108}$$

とおく．これは具体的な境界条件で定まる定数である．

さて，

$$\overline{\omega}_m = \frac{\omega_m}{\omega_1}, \quad \tau = \omega_1 t, \quad {}' = \frac{d}{d\tau}$$

および

$$\begin{bmatrix} \psi_1(t) \\ \psi_2(t) \\ \vdots \end{bmatrix} = \boldsymbol{x}, \quad \mathrm{diag}\big[1 \quad {\overline{\omega}_2}^2 \quad {\overline{\omega}_3}^2 \quad \ldots\big] = \boldsymbol{\Omega}$$

$$\begin{bmatrix} \alpha_{11} & \alpha_{12} & \cdots \\ \alpha_{21} & \alpha_{22} & \cdots \\ \vdots & \vdots & \ddots \end{bmatrix} = \boldsymbol{A}$$

$$P(t) = f\cos\overline{\omega}\tau \quad \left(\overline{\omega} = \frac{\omega}{\omega_1}\right), \quad \frac{f}{\rho A {\omega_1}^2} = \delta$$

なる記号を定義すると，方程式 (5.107) は次のように書ける．

$$\boldsymbol{x}'' + (\boldsymbol{\Omega} + \delta\cos\overline{\omega}\tau\boldsymbol{A})\boldsymbol{x} = \boldsymbol{0} \tag{5.109}$$

すると，特性方程式は偶数の n に対しては

$$F(z) = \begin{vmatrix} \ddots & \vdots & \vdots & \vdots & \iddots \\ \cdots & \boldsymbol{\Omega} - (z-\overline{\omega})^2\boldsymbol{E} & \dfrac{\delta}{2}\boldsymbol{A} & \boldsymbol{0} & \cdots \\ \cdots & \dfrac{\delta}{2}\boldsymbol{A} & \boldsymbol{\Omega} - z^2\boldsymbol{E} & \dfrac{\delta}{2}\boldsymbol{A} & \cdots \\ \cdots & \boldsymbol{0} & \dfrac{\delta}{2}\boldsymbol{A} & \boldsymbol{\Omega} - (z+\overline{\omega})^2\boldsymbol{E} & \cdots \\ \iddots & \vdots & \vdots & \vdots & \ddots \end{vmatrix} = 0 \tag{5.110}$$

となり，奇数の n については

$$G(z) = \begin{vmatrix} \ddots & \vdots & \vdots & \vdots & \iddots \\ \cdots & \boldsymbol{\Omega} - \left(z-\dfrac{3}{2}\overline{\omega}\right)^2\boldsymbol{E} & \dfrac{\delta}{2}\boldsymbol{A} & \boldsymbol{0} & \cdots \\ \cdots & \dfrac{\delta}{2}\boldsymbol{A} & \boldsymbol{\Omega} - \left(z-\dfrac{1}{2}\overline{\omega}\right)^2\boldsymbol{E} & \dfrac{\delta}{2}\boldsymbol{A} & \cdots \\ \cdots & \boldsymbol{0} & \dfrac{\delta}{2}\boldsymbol{A} & \boldsymbol{\Omega} - \left(z+\dfrac{1}{2}\overline{\omega}\right)^2\boldsymbol{E} & \cdots \\ \iddots & \vdots & \vdots & \vdots & \ddots \end{vmatrix} = 0 \tag{5.111}$$

となる．$\delta = 0$ とおいたときの z–$\overline{\omega}$ 直線群は，図 5.18 のようになる．もし，不安定領域があるとすれば，これらの直線群の交点付近であるので，その交点を形成する対角要素をふくむ有限次の行列式で式 (5.110)，(5.111) を近似すればよい．

2 本の直線がほかの直線からかなり離れて交点を形成すれば，有限次の行列式は 2 行 2 列でよく，4 本の直線が集中しておれば 4 行 4 列でよい．図 5.18 の模式図では，$\overline{\omega}_1$ $(=1)$ と $\overline{\omega}_2$ に対応する直線群の一部分しか示していないが，実際には高次の固有振動数の直線群も存在しているので，様相は非常に複雑になる．

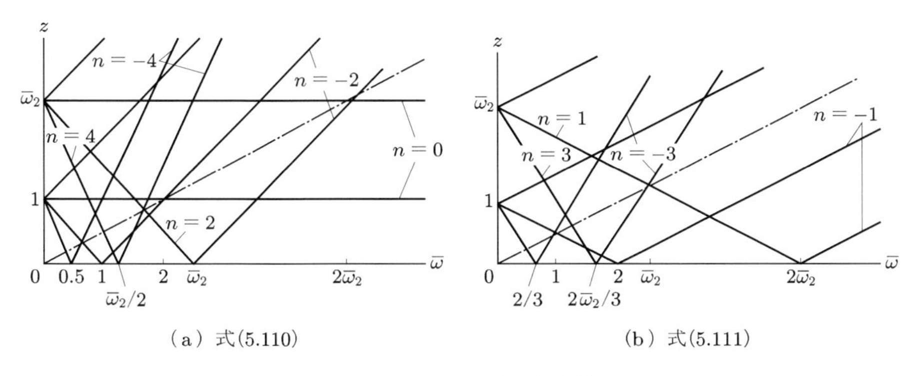

図 **5.18** $\delta=0$ のときの解直線群

【例題】両端固定の柱の場合

最初に固有関数を求める．軸力が作用しないときの運動方程式は

$$\frac{\partial^2 y}{\partial t^2}+a^2\frac{\partial^4 y}{\partial x^4}=0 \qquad \left(a^2=\frac{EI}{\rho A}\right)$$

なので，これの解を

$$y(x,t)=Y(x)\cos pt$$

とおけば

$$\frac{d^4Y}{dx^4}-\left(\frac{p}{a}\right)^2Y=0$$

が得られる．ここで，$\sqrt{\dfrac{p}{a}}=b$ とおき，この常微分方程式の一般解

$$Y=A\cos bx+B\sin bx+C\cosh bx+D\sinh bx$$

に境界条件

$$Y=\frac{dY}{dx}=0 \qquad (x=0,l)$$

を適用し，係数の存在条件を用いると

$$\cos bl\cosh bl=1$$

なる振動数方程式が得られる．この解を小さいものから順に並べると

$$b_il=4.730,\ 7.853,\ 10.996,\ 14.137,\ 17.279,\ \ldots \qquad (i=1,2,3,\ldots)$$

となり，固有振動数の比の大きさは

$$\overline{\omega}_i=\frac{p_i}{p_1}=1,\ 2.756,\ 5.404,\ 8.933,\ 13.345,\ \ldots$$

となる．

また，固有関数を

$$Y_i(x) = B_i\Big(\frac{A_i}{B_i}\cos b_i x + \sin b_i x + \frac{C_i}{B_i}\cosh b_i x + \frac{D_i}{B_i}\sinh b_i x\Big)$$

（ただし，$C_i = -A_i$，$D_i = -B_i$ が成立する）

とおくと，係数の比はすべて決まる．ここで，正規固有関数の関係式

$$\int_0^l \big\{Y_i(x)\big\}^2\,dx = 1$$

が成立するように係数 B_i を決めると

$$B_i \fallingdotseq \frac{1}{\sqrt{l}},\ \frac{1}{\sqrt{l}},\ \frac{1}{\sqrt{l}},\ \frac{1}{\sqrt{l}},\ \cdots$$

となる．こうして正規固有関数が決定される．

次に，この正規固有関数を用いて α_{mn} を計算すると，行列 $\boldsymbol{A}$ は次のように決まる．

$$\boldsymbol{A} = \begin{bmatrix} -\dfrac{12.3323}{l^2} & 0 & \dfrac{9.7333}{l^2} & 0 & \cdots \\ & -\dfrac{46.0507}{l^2} & 0 & \dfrac{17.1277}{l^2} & \cdots \\ & & -\dfrac{98.920}{l^2} & 0 & \cdots \\ \text{対称} & & & -\dfrac{171.58}{l^2} & \cdots \\ \vdots & \vdots & \vdots & \vdots & \ddots \end{bmatrix}$$

ここでさらに，柱の座屈荷重 f^* を用いて，比

$$\frac{f}{f*} = \varepsilon$$

を導入して，

$$\delta = \frac{l^2}{4.730^4}4\pi^2\varepsilon$$

とおくと，

$$\delta\boldsymbol{A} = 4\pi^2\varepsilon\begin{bmatrix} -2.464\times10^{-2} & 0 & 1.945\times10^{-2} & 0 & \cdots \\ & -9.200\times10^{-2} & 0 & 3.422\times10^{-2} & \cdots \\ & & -0.198 & 0 & \cdots \\ \text{対称} & & & -0.343 & \cdots \\ \vdots & \vdots & \vdots & \vdots & \ddots \end{bmatrix}$$

のようになる．これを用いたとき，特性方程式 (5.110) および式 (5.111) は，偶数次の固有振動モード成分と奇数次の固有振動モード成分に分けられる．

$\delta = 0$ とおいたときの z–$\overline{\omega}$ 座標での解直線群は，図 5.19 のように偶数次モード成分と奇数次モード成分に分けられる．ただし，図には偶数の n に対する解直線のみを示している．

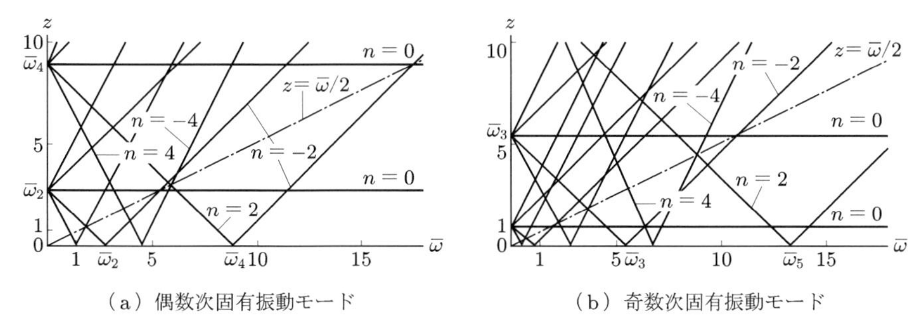

（a）偶数次固有振動モード　　（b）奇数次固有振動モード

図 **5.19**　$\delta = 0$ のときの解直線群

不安定領域のいくつかを求める．

（1）$\overline{\omega} = 2\overline{\omega}_2 \fallingdotseq 5.512$ 付近

式 (5.111) の 2 行 2 列近似により

$$(2\overline{\omega}_2)^2\left\{\left(\overline{\omega}_2 - \frac{\overline{\omega}}{2}\right)^2 - z^2\right\} = \left(\frac{\varepsilon}{2}4\pi^2 \times 9.2 \times 10^{-2}\right)^2$$

が得られ，$z = 0$ とすることにより，不安定領域の境界は

$$\overline{\omega} \fallingdotseq 5.512 \pm 0.6589\varepsilon$$

となる．

（2）$\overline{\omega} = 1 + \overline{\omega}_3 \fallingdotseq 6.406$ 付近

式 (5.111) の 2 行 2 列近似により

$$4\overline{\omega}_3\left\{\left(\frac{x}{2}\right)^2 - y^2\right\} = \left(\frac{\varepsilon}{2}4\pi^2 \times 1.945 \times 10^{-2}\right)^2$$

が得られる．ただし，

$$x = \overline{\omega} - (1 + \overline{\omega}_3), \quad y = z - \frac{1}{2}(\overline{\omega}_3 - 1)$$

$y = 0$ とすることにより，不安定領域の境界は

$$\overline{\omega} \fallingdotseq 6.406 \pm 0.1651\varepsilon$$

となる．

（3）$\overline{\omega} = 2$ 付近

式 (5.111) の2行2列近似により

$$\left(1 - \frac{\overline{\omega}}{2}\right)^2 - z^2 = \left(\frac{\varepsilon}{2} 4\pi^2 \times 2.464 \times 10^{-2}\right)^2$$

が得られ，$z = 0$ とすることにより，不安定領域の境界は

$$\overline{\omega} \fallingdotseq 2 \pm 0.4863\varepsilon$$

となる．

（4）$\overline{\omega} = 2\overline{\omega}_3 \fallingdotseq 10.808$ 付近

(1)，(3) と同様にして，不安定領域の境界は

$$\overline{\omega} \fallingdotseq 10.808 \pm 0.7218\varepsilon$$

となる．

（5）$\overline{\omega} = 1$ 付近

式 (5.110) の3行3列近似により

$$4\left\{(1 - \overline{\omega})^2 - z^2\right\} = 4(0.4863\varepsilon)^2(1 - \overline{\omega})$$

が得られ，$z = 0$ とすることにより，不安定領域の境界は

$$\overline{\omega} = 1, \quad 1 - (0.4863\varepsilon)^2$$

となる．

（6）$\overline{\omega} = \overline{\omega}_2 \fallingdotseq 2.756$ 付近

(5) と同様にして

$$\overline{\omega}_2{}^3\left\{(\overline{\omega}_2 - \overline{\omega})^2 - z^2\right\} = (1.816\varepsilon)^2(\overline{\omega}^2 - \overline{\omega})$$

が得られ，$z = 0$ とすることにより，不安定領域の境界は

$$\begin{aligned}\overline{\omega} &= \overline{\omega}_2, \quad \overline{\omega}_2 - \frac{(1.816\varepsilon)^2}{\overline{\omega}_2{}^3} \\ &= 2.756, \quad 2.756 - 0.1575\varepsilon^2\end{aligned}$$

となる．

（7）$\overline{\omega} = \overline{\omega}_3 \fallingdotseq 5.404$ 付近

(6) と同様にして，不安定領域の境界は

$$\overline{\omega} = \overline{\omega}_3, \quad \overline{\omega}_3 - \frac{(3.9\varepsilon)^2}{\overline{\omega}_3{}^3}$$

$$= 5.404, \quad 5.404 - 0.0964\varepsilon^2$$

となる．

以上のほかの 4 行 4 列近似などについては省略する．

こうして得られた不安定領域を図 5.20 に示す．ただし，奇数次モード，偶数次モードのいずれの場合も最初の二つのモードのみを用い，式 (5.111) を $n = -3, -1, 1, 3$ に対応する 8 行 8 列で近似している．図（a）の $\overline{\omega} = 2$ 付近の不安定領域は 2 行 2 列近似の結果とよく一致し，図（b）の $\overline{\omega} = 2\overline{\omega}_2$ 付近の領域の，$\overline{\omega}$ が小さい方の境界もまた 2 行 2 列近似の結果とよく一致している．これら以外の境界線は 2 行 2 列近似ではきわめて精度が悪いものとなっている．

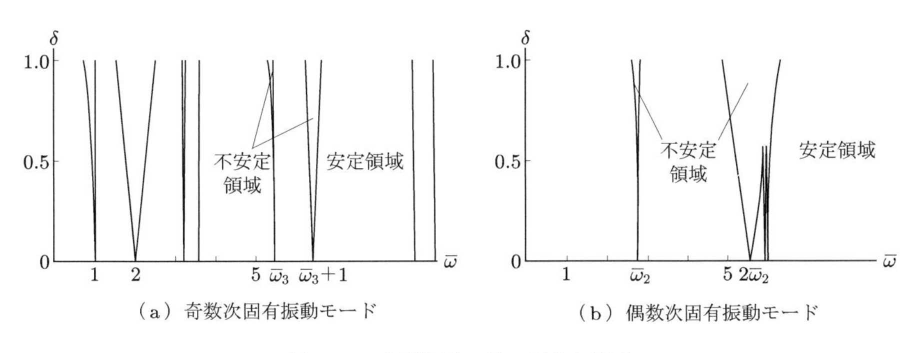

図 **5.20**　両端固定の柱の不安定領域

付録 5.1　用語の解説

1.　ポアンカレ写像

非線形振動系の自由振動を考察するには，通常，変位と速度を座標軸とする位相平面において状態点の軌跡である位相面軌道を描く．まず，はじめに，静止平衡状態を表す特異点を求める．なかでも鞍点とよばれる特異点を求める．次に鞍点に出入りする位相面軌道，いわゆる分離枝を描く．これによって，安定な特異点に至る領域が得られる．ただし，位相面軌道は連続で，特異点を除いて交差することはない．この模式図を付図 5.1（a）に示す．点 A，B が鞍点を表している．

これに対して，強制振動やパラメータ励振では，位相面軌道は糸巻き状に交差するのが通例であるので，通常の位相面軌道を描いても，運動の様子を把握することは困難といえる．そこで，このかわりに用いられるのが，励振の 1 周期ごとの状態点をプロットするやり方である．これをポアンカレ写像という．この模式図を付図 5.1（b）に示す．形は付図 5.1（a）と似ているが，意味は異なっている．

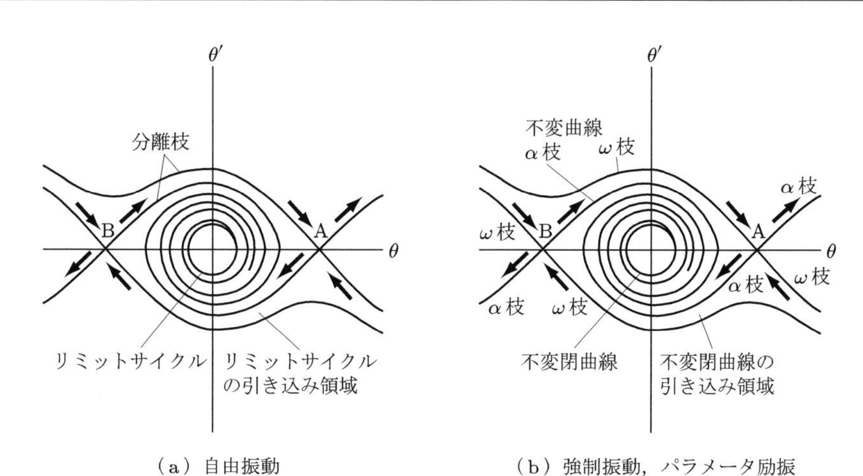

（a）自由振動　　（b）強制振動，パラメータ励振

付図 5.1　相軌道サンプル

2.　不動点

ポアンカレ写像では，1周期ごとの状態点は通常は不連続に動く．しかし，励振と同じ周期をもつ周期解では，励振の1周期ごとの状態点は動かない．励振の2倍の周期をもつ周期解では，励振の1周期ごとの状態点は動かない2点となる．そのため，特異点に対応する「動かない状態点」を不動点という．不動点には，その近傍での状態点の動きによって，沈点，源点，双曲型不動点などがある．

3.　双曲型不動点

ポアンカレ写像において，位相面軌道の鞍点と同様の性質をもった不動点を双曲型不動点という．付図5.1（b）の点A，Bがこれにあたる．

4.　不変曲線

分離枝と同様に，双曲型不動点に入っていく点の集合と，不動点から出ていく点の集合は，曲線になる．この位相面軌道の分離枝に似た曲線を不変曲線という．とくに双曲型不動点にかぎりなく近づいていく点の集合を安定多様体あるいはω枝といい，双曲型不動点から出ていく点の集合を不安定多様体あるいはα枝という．

5.　不変閉曲線

双曲型不動点から出ていくα枝は，最終的にどこに落ち着くのだろうか．安定な不動点（周期振動）があれば，そこに落ち着くだろうし，なければ無限遠方（発散）へいくか，永久にさまよう（カオス）か，それとも位相面軌道のリミットサイクルのような閉曲線に巻きついていく．リミットサイクルのような閉曲線を不変閉曲線という．これはうなり振動に対応している.

6. 引き込み領域

双曲型不動点に入っていく ω 枝は, α 枝の先端にある最終状態に至る初期条件の領域の境界線になる. この境界線で区切られた領域を, α 枝の先端にある最終状態の引き込み領域または引力圏という.

参考文献

1) 坪井忠二「振動論」河出書房，p. 305 (1944)
2) Chihiro Hayashi *"Forced Oscillations in Non-linear Systems"*, Nippon Printing & Publishing Co. Ltd. (1953)
3) ボゴリューボフ，ミトロポリスキー「非線型振動論」共立出版 (1961)
4) Hsu, C.S., Trans. ASME, Aser. E, 30-3, p. 367 (1963)
5) Whittaker, E.T. & Watson, G.N. *"Modern Analysis"*, Cambridge (1963)
6) 椹木義一「非線形振動論」共立出版 (1965)
7) ポントリャーギン「常微分方程式」共立出版 (1966)
8) ボローチン「弾性系の動的安定」コロナ社 (1972)
9) 得丸英勝「振動論」コロナ社 (1973)
10) Ti-Chiang Lee, J. of Appl. Mech., ASME, June, pp. 349–352 (1976)
11) Zeman V., ACTA. Tech. ČSAV, 22-1, p. 52 (1977)
12) 小寺 忠，日本機械学会論文集 45-395, p. 747 (1979)
13) 小寺 忠，矢野澄雄，日本機械学会論文集 45-399, p. 1183 (1979)
14) 小寺 忠，難波晋治，藤本高幸，日本機械学会論文集 46-409, p. 1033 (1980)
15) 小寺 忠，日本機械学会論文集 46-410, p. 1181 (1980)
16) Hagedorn P. *"Nonlinear Oscillations"*, Oxford (1981)
17) Mickens R.E. *"An Introduction to Nonlinear Oscillations"*, Cambridge (1981)
18) 國枝正春「実用機械振動学」理工学社 (1984)
19) 小寺 忠，日本機械学会論文集 51-461C, p. 42 (1985)
20) Ali Hasen Nayfeh et al. *"Nonlinear Oscillations"*, A Wiley-Inter Sci. Pub. (1995)
21) 日本数学会編「数学辞典」岩波書店 (2007)

さくいん

あ行

か行

さ行

た行

な行

は行

著 者 略 歴

小寺　忠（こてら・ただし）

1970 年　京都大学大学院工学研究科博士課程数理工学専攻単位取得退学
1970 年　神戸大学工学部生産機械工学科助手
1970 年　工学博士（京都大学）
1971 年　神戸大学工学部生産機械工学科助教授
1980 年　チェコスロバキア科学アカデミー
　　　　熱力学研究所研究員（1981 年まで）
1989 年　福井大学工学部機械工学科教授
2006 年　福井大学大学院工学研究科教授
2008 年　福井大学名誉教授
　　　　現在に至る

パラメータ励振

2010 年 7 月 7 日　第 1 版第 1 刷発行

著　　者　小寺　忠
発 行 者　森北博巳
発 行 所　**森北出版株式会社**
東京都千代田区富士見 1-4-11（〒102-0071）
電話 03-3265-8341 ／ FAX 03-3264-8709
http://www.morikita.co.jp/
日本書籍出版協会・自然科学書協会・工学書協会　会員
JCOPY ＜(社)出版者著作権管理機構 委託出版物＞

落丁・乱丁本はお取り替えします　印刷/ワコープラネット・製本/協栄製本
TEX 組版処理/(株)プレイン　http://www.plain.jp/

Printed in Japan ／ ISBN978-4-627-66741-9

パラメータ励振［POD 版］

2022 年 5 月 31 日発行

著者　　小寺　忠

印刷　　大日本印刷株式会社
製本　　大日本印刷株式会社

発行者　森北博巳
発行所　森北出版株式会社
〒102-0071　東京都千代田区富士見 1-4-11
03-3265-8342（営業・宣伝マネジメント部）
https://www.morikita.co.jp/

ISBN978-4-627-66749-5